#xtech-books

センサーシティー

| 都市をシェアする位置情報サービス |

神武 直彦 =監修　中島 円 =著

「まちづくり × センシング」

ポケモンGOからシェアリングエコノミーまで
街のメディア化が新しいコミュニティーを創る

発刊に寄せて

　本書は、テクノロジーやメディアが都市や街の中でどのように役立てられているのか、また、これからどのように役立てられる可能性があるのか、ということを豊富な事例を用いて解説した書籍である。その分野で具体的な事業を行っている企業の実務家であり、最先端の研究教育を行っている大学院の教員でもある著者が、IoTやビッグデータ、オープンデータや、人工知能などのテクノロジーやメディアの専門家のみならず、都市に「住む」「働く」「遊ぶ」読者に向けて書かれているという点に特徴がある。

　多くのテクノロジーやメディアは、社会に浸透すればするほど、都市の中で目に見えなくなっていくことが多い。今から20年以上前、パロアルト研究所のマーク・ワイザーは、そのことをUbiquitous Computing（遍在するコンピューター）という概念で提唱した。他に類似の概念として、Invisible Computing（目に見えないコンピューター）、Ambient Intelligence（環境的な知性）とも言われ、最近では、IoT（Internet of Things）、CPS（Cyber Physical System）と言われるようになってきている。

　20年以上も前から扱われてきた概念ながら、今、それが注目されているのはなぜか？　20年前と比較しての大きな変化のひとつがスマートフォンに代表されるパーソナルなテクノロジーの進化とその普及であり、幼少の頃から当たり前のようにインターネットやコンピューターを使いこなすデジタルネイティブと呼ばれる世代の増加である。世界には、道路や電気、水といった日本では整備されていて当たり前と思われているインフラが整っていない地域が未だに数多く存在する。しかし、そのような場所でも、スマートフォンを持つ市民が少なくないことに驚かされることが

ある。パーソナルなテクノロジーが様々なところに浸透し、デジタルネイティブな世代が増加していくと、それを使いこなすのは、テクノロジーやサービスを提供するメーカーやサービスプロバイダーではなく、その利用者である。そして、利用者が手にするデータや、利用者がもつスマートフォンやコンピューターによって分析・可視化された情報が、大きな価値を持ち始めている。

　本書で詳しく述べられているが、利用者から価値のあるデータや情報を発信することが可能になると、従来、企業や行政から利用者や市民に一方的に提供され続けてきたデータや情報が、利用者や市民からも提供されるようになり、様々な形で循環し始めるようになる。このことを本書では、データ循環モデルと述べている。

　現状、データや情報は循環し始めているものの、特に日本では、テクノロジーやサービスを提供する立場とそれを利用する立場を超えたデータや情報の共有や、それを踏まえた新しいサービスの共創は十分には行われておらず、ダイナミックなイノベーションが起きにくい状況になっている。立場を超えて誰もがデータや情報、サービスを提供し、利用することができるようになれば、データ循環がより活性化され、イノベーションが起きるはずである。そのためにも、様々な立場の方が、今起きていることや、これから起きる可能性があることを理解し、アクションに移していけることが重要である。

　私事ながら、著者と私の最初の出会いは大学院での教員と生徒という関係で、現在はスマートフォン用のオペレーティングシステムとしては世界シェア1位のAndroidが世に出たばかりの2009年のことである。当時は、そのAndroid端末を早く手にして研究で使ってみたいという研究者や学生が多く、学生からの噂で「博士課程に入学された中島円さんという方が仕事の関係でAndroid端末をお持ち

らしい」ということを耳にした。それが、著者のお名前を耳にしたきっかけであり、その数日後に講義の際にお話をしたというのがご縁である。Android端末については、すぐに手に入るようになったのでお借りすることはなかったが、地理空間情報を専門とする著者と宇宙分野を専門とする私が、研究や開発、プロジェクトなど様々なことに共に取り組み始めるのに時間はかからず、お互いの興味や得意分野を融合させ、地域の課題から地球規模の課題まで様々なものを対象にプロジェクトや研究教育を進めている。

たとえば、二子玉川での屋内外測位技術を活用した情報提供サービスや、湘南海岸地域やタイ、オーストラリアでの人工衛星やドローンを活用した早期警報配信サービス、川崎市宮前区でのオープンデータを活用したまちづくり、渋谷区でのデータサイエンスやファシリテーションを用いたコミュニティーづくりなどの事業を実施してきた。それらの取り組みに寄与する人材育成のために、2012年から宇宙・地理空間分野での社会課題解決型人材育成プログラム「G-SPASE」（http://gestiss.org/g-spase/）を東京大学と東京海洋大学と共に設立。現在では、毎年100名以上もの大学院生が参加するプログラムになっており、アジア諸国のみならずアフリカのザンビアやモザンビークからの留学生が所属するまでになっている。また、本書ではIoTに代わる言葉として用いられているが、日本科学未来館との間で「センシング＆マッピングデザインラボ」を立ち上げ、基盤となる研究を推進している。

これらの事業や人材育成、研究において参加者が高いモチベーションを保ち続け、納得のできる形の成果が出ているのは、それらの方々とのつながりを大切にし、常に温厚な振る舞いでどのような場面でも安心感を創り出すことができる著者の人柄によるものが大きいのではないかと感じている。一方、これを本書のテーマである「まちづくり×センシング」で置き換えて考えてみると、まちづくりにお

けるこれからのITも著者のように様々なものをつなげ、そして、安心感を与えられることがさらに重要になっていくのではないかと感じている。

　本書は、ITやまちづくりに携わる方はもちろん、今後のデータ循環に関係するであろう方々、また、それに関心のある方々など、多くの方に読んで頂きたい1冊である。

監修者　神武直彦

まえがき

　本書は、東京オリンピック・パラリンピック競技大会が開催される 2020 年に向けて、急ピッチで変容している東京をはじめとした都市において、進化するデジタル技術をどのように役立てるか、多くの事例を基に考えるための本である。

　パソコンやサーバーなどの IT 機器を接続していたインターネットは、さまざまなモノにセンサー機能や通信機能を付加する「IoT」(Internet of Things) へと進化してきた。本書では、IoT の中で特に街をセンシングしデータを取得し、そのデータを分析・可視化する「センシング＆マッピング」に特化している。

　センシング＆マッピングによって私たちの生活はどう変わってきているのか、そこで利用される最先端のテクノロジーやメディアは一体誰のために役に立ち、まちづくりの課題をどう解決しているのかを知ることで、今後のまちづくりを考える一助となることを願っている。

　「センシング×まちづくり」は対象範囲が広いため、3 つの切り口で話を展開している。

Chapter1　リアル＆サイバー空間に広がるデータ循環社会とメディア

　センシング＆マッピングが街をどう変えているのかについて、プロジェクションマッピングと位置情報ゲームを例に解説する。プロジェクションマッピングは街を誰でもリデザインできる技術であり、都市や観光地においてはイベントを通じて定着してきた。位置情報ゲームは GPS 携帯が発売された 2001 年以降、「コロニーな生活」や「ケータイ国盗合戦」といったアプリが登場したことで日本国内での

認知度が高まり、「ポケモンGO」によって全世界的なムーブメントとなった。位置情報ゲームのピークは過ぎた感もあるが、屋外でゲームをする楽しさを体験できたことは、なにより貴重な財産となった人も多いだろう。

Chapter2　センシング＆マッピングが街の魅力を創る

センシング＆マッピングが都市の中でどのように利用されているのか、都市の可視化に関するMIT Senseable City Labの最先端研究について解説する。

さらにIoTやメディアを有効に利用している都市として、東京のライバルと言えるロンドン、ニューヨーク、バルセロナ、シンガポールの事例を紹介している。ロンドンはオープンデータで世界をリードしており、バルセロナはCityOSと呼ばれるIoTのトップランナーである。シンガポールのドローンによるユニークな取り組みや、ニューヨークの「Wi-Fi&デジタルサイネージ」のプロジェクトは、東京の良いお手本になるだろう。

Chapter3　都市のメディア化の主役は「市民」

都市や地域のメディア化の主役は行政や企業、デザイナーではなく、市民であることを多くの事例によって示す。

ファッションやグルメ、アートやスポーツ、仕事や子育てに加え、交通や防災について、センシング＆マッピングにより市民がデータを収集・可視化し、市民が考え、市民が伝え、市民が問題を解決する事例が増えている。このような変化の背景には、インターネットを中心としたテクノロジーの進化のみならずライフスタイルの変化、特に「共生、共有、共創」の考え方が、まちづくりの中で認知されたことが大きい。

AI（Artificial Intelligence：人工知能）は過去に二回ブームがあり現在三度目の脚光を浴びているが、ロボットに

【MIT Senseable City Lab】MIT（Massachusetts Institute of Technology: マサチューセッツ工科大学）のSenseable City Labは、都市や都市に住む人が抱える問題を解決するためにセンサーを中心とし収集したデータを活用することを目指し、2004年に設立された研究所である。

とって実現が難しいことの一つは「共創」だと言われている。人が生活していく中で「共生、共有、共創」は本能であり、その本能を支えるテクノロジーについて解説する。そのひとつがシェアリングであり、空飛ぶスマートフォンと言われるドローンである。

　全ての章において共通していることは、センシング＆マッピングが都市や街においてさまざまな貢献をする可能性についてであるが、それは下図のような新しいデータ循環モデルの社会を意味する。

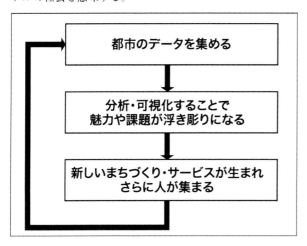

　それでは、センシング＆マッピングで都市がどのように変わっているのか、市民の中で何が生まれているか見ていこう。

著者　中島円

C O N T E N T S

発刊に寄せて... 2

まえがき... 6

Chapter1　リアル＆サイバー空間に広がるデータ循環社会とメディア................. 11

　1.1　データ循環モデル... 12

　1.2　都市における変容するメディア... 19

　1.3　シームレス化するメディア.. 25

　1.4　シームレスメディアを支えるセンシング＆マッピング................. 32

Chapter2　センシング＆マッピングが街の魅力を創る........................ 49

　2.1　2020年、IoTはどこまで東京に貢献できるか........................... 50

　2.2　ライバル都市のチャレンジ.. 60

Chapter3　都市のメディア化の主役は「市民」............................... 75

　3.1　市民テクノロジーとそのパワー... 76

　3.2　都市アーカイブ.. 83

　3.3　シェアリングエコノミーの台頭... 92

　3.4　街歩きやショッピング、スポーツによるまちづくり..................... 110

あとがき... 120

参考文献... 122

著者紹介... 125

Chapter 1

リアル&サイバー空間に広がる
データ循環社会とメディア

Chapter1では都市におけるメディアが今どのように
なっているのか、過去を紐解きながら話を展開する。は
じめに都市から発生するデータとは何か、そのデータ
が私たちの生活にどう関わっているのか、センシング
&マッピングのデータ循環モデルについて整理をする。
次に、都市に広がるデータやメディアの中で、位置情報
をポイントにしたリアルとバーチャルが重層になった
シームレスな世界観を中心に、センシング&マッピング
を利用した身近な事例としてプロジェクションマッピン
グと位置情報ゲームについて解説する。

1.1
データ循環モデル

センシングによって収集された膨大なビッグデータをAIによって解析し、マッピングすることでフィードバックする「データ循環」。それによって変わりゆく未来と、すでに都市部で始まっている現実について考察する。

すでに始まっているセンシング

あなたが仕事の帰りに最寄り駅の改札を過ぎると自宅の炊飯器がご飯を炊き始め、自宅への道を歩き始めるとエアコンのスイッチが入る。コンビニの手前に来ると、腕時計型の端末が朝食の食材が足りないことを知らせてくれる。コンビニのレジは無人で、品物をカウンターに置くだけで会計ができる。自宅に着き、玄関のスマートロックを解除すると人型ロボットがキッチンから姿を現す。休日のドライブ中、高速道路では自動運転モードに切り替わり、渋滞時もストレスなく走行する。目的地に近づくと空いている駐車場が検索され、予約される。レストランに入ると以前の食事の履歴と今の体調に合わせたメニューが用意されている。そして帰路、自宅まで20分の距離になるとお風呂を湧かしはじめる。

このような自動化された日常が「幸せ」か「息苦しい」かは別として、実現可能な段階まできているのは確かだ。それを支える技術の一つがインターネットであり、さまざまなセンサーを使った「センシング」である。

都市で生活をしている私たちはすでに多くのセンサーに

囲まれている。

エアコンや照明、洗面所には人感センサーが付いており、室内の温度や明るさ、水量の調節をしている家がある。街を歩けば、駅の改札、自動販売機、コンビニやスーパーで電子カードを取り出し、センサーにかざしている。銀行では指紋までセンシングしている。

また、スマートフォンにはカメラ（＝光学センサー）やマイク（＝音センサー）をはじめ、近接センサー、加速度センサー、ジャイロセンサー、地磁気センサー、指紋センサー、虹彩センサー、GPS受信機などさまざまなセンサーが内蔵されている。

ソフトバンクは2016年6月に3兆円以上をかけて英国ARM社を買収すると発表した。ARM社が設計した半導体チップ（センサーやプロセッサー）はスマートフォンの市場を独占している。さらにウェアラブルデバイス、ストレージ、車載情報機器、マイコン、家電のマーケットシェアも大きい。そのARM社がソフトバンクと一緒になることは、さまざまなセンサーがインターネットにつながり、私たちのより身近な存在になる可能性が高くなったことを意味する。

センサーがインターネットにつながるとどのようなことが起きるのだろうか。都市のセンシングが私たちの生活にどのような影響を及ぼしているのか、5つのタイプに分類し整理していこう。

1.「家電＋センサー」タイプ

最も身近な事例は、前述した「家電＋センサー」タイプであろう。

仕組みはいたってシンプルだ。人の動きを検知して温度や照明、水量などをコントロールする。自宅のみならず商業施設等でも利用されているが、その目的は快適空間をつくることとエネルギーの効率化だ。このタイプはインター

【ウェアラブルデバイス】頭部や腕、指や足首など身体に装着する端末の総称。メガネやヘッドマウントディスプレイ、時計やバンドタイプのものがある。搭載されるセンサーや機能によって利用内容は多岐にわたる。

ネットに必ずしも接続する必要はないが、つながることで
「スマート家電」となり遠隔操作が可能になる。

【スマート家電】インターネット
に接続することで遠隔操作や自動
的制御が可能となる家電製品や電
カメータのこと。

●表1-1　家電＋センサー

対象	エアコン、照明、洗面所、トイレ等
仕組み	人を検知して温度や照明、水量などをコントロールする
目的	快適空間、エネルギーや資源の効率化
ネットワーク	必ずしも必要はない
データ	貯める必要はない

2.「POS」タイプ

　POS（Point Of Sales）も私たちが毎日利用しているセン
シングの一つである。

　POSはコンビニやスーパーのレジで商品のバーコードを
「ピッ」とスキャンするシステム。その主目的はレジ業務
の負担軽減ではなく、商品の生産や流通の効率化にある。
購買データを専用ネットワークで本部に集約することで在
庫や発注を管理し、さらに、データを分析してマーケティ
ングに利用する。コンビニのおでんが一年の中で寒暖差の
大きい9月に最も売れることも、POSで収集したデータの
分析から分かってきている。

●表1-2　POS（Point Of Sales）

対象	コンビニ、スーパー、百貨店、レストラン等の商品
仕組み	バーコードやICタグを読み取り、購買データとして蓄積し分析する
目的	生産・流通の効率化、マーケティング
ネットワーク	専用回線
データ	主に購買データを集める

3.「VICS」タイプ

　VICS（Vehicle　Information　and　Communication

System：道路交通情報通信システム）も普段はあまり意識することはないが、私たちが日常的に利用しているセンシングの仕組みである。

VICSはビーコンと呼ばれるセンサーを高速道路や主要道路に設置し、車両を自動検知してそのデータを専用ネットワークによりセンターに集約する。そのデータを基に交通量を可視化し、ドライバーにフィードバックしている。カーナビゲーションシステムの画面に正確な混雑状況が表示されるのは、VICSのおかげだ。

収集した膨大なデータの関連性を、図表などでわかりやすく示すことを「マッピング」あるいは「ビジュアライゼーション」という。本書では「マッピング」と呼ぶことにする。

自動的にユーザーのデータを集め、分析・マッピングすることで、ユーザーにフィードバックし、利便性を感じさせることがポイントになる。

●表1-3　VICS（Vehicle Information and Communication System）

対象	自動車
仕組み	電波・光ビーコンにより自動車を検知して交通量を分析し可視化する
目的	混雑の分散化、交通計画
ネットワーク	専用回線
データ	主に交通量を集める

4.「位置情報」タイプ

スマートフォンによるセンシングの仕組みの中で、特に「位置情報」を利用したタイプになる。

スマートフォンやウェアラブルデバイスといったGPS受信デバイスによる位置情報機能を使い、ナビゲーションや家族や友達との情報をSNSなどで共有することにより、さまざまなサービスを実現している。ユーザーは自分の居場所という大切な情報をアプリに送ることで、有益なフィー

ドバックを得ることができる。

　位置情報はプライバシーと大きく関連するため企業が勝手に利用することはできないが、ユーザーの許可を得て匿名処理などをすることで利用できる。そのため現在は不特定多数の位置情報はビッグデータとして分析が進んでいる。たとえば、インバウンド（外国人旅行）の位置情報ビッグデータを分析することで、どのエリアにどの国の人が滞在しているのか見えてくる。その結果、観光案内所やWi-Fiの設置、ホテル、レストランの言語対応をより的確に進めることが可能となる。また、働き盛りの会社員の日々の位置・行動情報に加えて食事や睡眠の情報を収集し分析することで、健康状態を把握できるだけでなく新しいサプリや保険の商品化などにつながっている。

●表1-4　位置情報

対象	人（スマートフォンやウェアラブルデバイスを身につけている人）
仕組み	GPSなどにより位置情報を検知して、アプリによりサービスを提供する
目的	ナビゲーション、SNS、位置情報ゲーム、まちづくり、新サービス創出
ネットワーク	インターネット
データ	位置情報をクラウドに集める

5.「IoT：データ循環モデル」タイプ

　最後はIoTによるデータ循環モデルである。一部の位置情報タイプも含まれる。日常的に自動的に収集したビッグデータをAI（人工知能）により分析し、マッピングすることでフィードバックを行う。対象となるモノは街のタッチポイントであるデジタルサイネージや駅の改札機、自動販売機、駐車場や、常時街を移動しているタクシーやバス、ウェアラブルデバイスを身につける人など、多岐にわたる。

　たとえば、藤沢市ではゴミ収集車にセンサーをつけて市内をくまなく走り回り、温度、湿度に加えて排気ガスやPM2.5、紫外線などの環境データを取得し分析をしている。

【デジタルサイネージ】ディスプレイやプロジェクターなど電子機器を通じて映像や情報を表示するシステムの総称。広告や案内に加えて映像や文字をタッチすることで利用者とコミュニケーションをするタイプもある。

都市から発生したデータをきめ細かく取得し分析、マッピングすることで、きめ細かい都市計画やまちづくりにつながる。

また、ラグビーやサッカーのプロ選手はGPS受信機を身につけてゲームや練習をしている。最近ではメディアを通じて選手のパフォーマンス、たとえば走行距離やポジショニングをマッピングするサービスが増えてきたが、ファンやサポータの満足度向上のみならず、より深い分析を行うことでケガの防止にもつながるため選手は自発的にデータを提供することになる。

このように、センシング、データを取得、クラウドで分析、マッピングといった一連のプロセスによって、データはメディアを通じて都市や人にフィードバックされ永続的に循環することになる。

●表1-5　IoT：データ循環モデル

対象	インターネットに接続されたさまざまなセンサー タッチポイント：デジタルサイネージ、改札機、自動販売機、駐車場等 常時移動体：人、タクシー、バス、ゴミ清掃車、ドローン等
仕組み	自動的にデータを収集、クラウドに蓄積（ビッグデータやオープンデータ）、分析・マッピングする
目的	まちづくり、ユーザーの行動変容、新サービス創出
ネットワーク	インターネット
データ	センサーから取得したさまざまなデータをクラウドに集める

データ循環モデルをIoTのコンテクスト（文脈）にすると下の図のようになる。

現実空間で取得したデータは仮想空間で処理され、現実空間にフィードバックされる。今後はこのデータ循環モデルの理解なくして、ビジネスもまちづくりも立ち行かなくなるだろう。

●図1-1　IoTにおけるデータ循環モデル

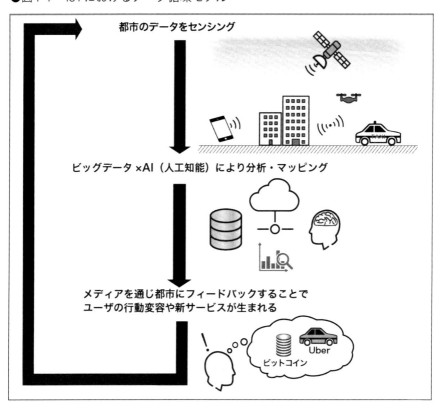

1.2
都市における変容するメディア

テレビやラジオ、新聞といった従来のメディアに代わり、都市ではスマートフォンによるソーシャルメディアがあふれ、さらに街のタッチポイントであるデジタルサイネージが新たなメディアとして情報を発信し始めている。このような現状について渋谷やお台場の事例を交えて解説する。

都市にあふれるメディア

　渋谷スクランブル。かつて宇田川橋と称された谷底の中心に位置する。一回の通行人は多い時で3000人とも言われている。その渋谷スクランブルから周囲を見渡す。

　公園通りに向かって設置されたQFRONTの巨大なLEDディスプレイ。テニスコート2面の広さである。両脇のビルにも大型ビジョンが並ぶ。少し離れた道玄坂方面、SHIBUYA109の壁面には2週間ごとに入れ替わるファッショナブルな広告。そして周りのビルにも企業や商品を宣伝するビルボードの数々。センター街に目と耳を傾けると、エリアジャックと呼ばれる、宣伝用のフラッグとBGMがかかっている。さらに、数十分間隔でやって来るアドトラックは、大音量の音楽を撒き散らしてゆっくり走り過ぎていく。休日や夕方になるとストリートミュージシャンやパフォーマンスをする若者が出没する。そして、行き交う若者やビジネスパーソン、外国人観光客の手にはスマートフォン。ディスプレイに文字や音楽、映像など、息つく間

【アドトラック】車両を利用した広告・宣伝活動の総称。主にトラックの荷台部分の壁面に広告を掲載し音楽とともに人口密集地域を運行する。

19

●図1-2　ハロウィンで賑わう渋谷スクランブル（撮影：著者）

もなく情報が湧き出している。目には見えないが、第3世代、第4世代と呼ばれる携帯電話の電波やWi-Fi、Bluetoothが飛び交っている。

　音楽、映画、ファッション、アート、アニメ、ダンス、広告、ソーシャルなど、さまざまなコンテンツがメディアを通じて渋谷に流れ込んで行く。渋谷はまさに日本一のメディア集積の「場」であると同時に、多様な人間と通信環境がひしめき合っている。

　都市とメディアはいつからこのような親密な関係になったのだろうか。

都市と従来メディアの親和性

　メディアの起源がラテン語の『Medium＝中間物』であることは良く知られている。マスメディアはマスコミュニ

ケーションの中間物、つまり大衆に情報を伝えるため、仲立ちをするモノとなる。

　従来のマスメディアとは新聞やラジオ、テレビを指してきた。3つのメディアの共通した特徴は、自宅や移動中において、やや長めの時間接することが多いことである。新聞を数分間で読める達人は中にはいるとは思うが、通常は数十分かかる。テレビは街頭に設置され、集まった大勢の人に向けて放送された時代もあったが、その後の家庭への普及とともに、お茶の間の主役となった。今では、自宅で録画をして、空き時間にスマートフォンから見ることもできるが、コマーシャルを除けば3分以内の番組は少ないので、こちらもやや長めの時間接することとなる。その点、ラジオは歩きながら聴くことはできるし、音楽となるとさらに気軽に接することができる。ソニーのウォークマンが世界に先駆けて音楽を街や公園に持ち出し、成功したことが証明している。このようなことを考えると、新聞とテレビは都市とあまり相性は良くなく、ラジオや音楽は相性が良いということになる。

デジタルサイネージが広げる可能性

　デジタルサイネージはどうだろうか。広告以外のコンテンツの利用は進んでいるのだろうか。

　渋谷駅のハチ公前では、さまざまな企業がデジタルサイネージを試験的に運用しているが、今のところ定着はしていない。観光案内などスマートフォンでもできることを、わざわざ立ち止まって触れる人は多くはいないし、大勢の人が群がってしまうと今度は見ることもままならない。Kinectを利用したジェスチャー対応のデジタルサイネージは、ディスプレイに触れる必要がないため大きな可能性を秘めているが、持続的に利用するコンテンツを開発するのは難しい。高解像度の美しいデジタル画像に慣れてしまった私たちには、むしろ紙や手作りの空間表現の方が新鮮で、

【Kinect（キネクト）】マイクロソフトが開発・販売するジェスチャーや音声によりコンピューターを操作することができるデバイスのこと。コントローラーと呼ばれる操作装置を必要とせず、XboxやWindows PCを制御できる。

興味が湧く場合さえある。

　しかし、後述するニューヨーク市の「LinkNYC」プロジェクトのように、超高速通信に加えて、Androidタブレット、USB充電器、緊急通報システムなどがフル装備される無料のデジタルサイネージであれば、インバウンドを中心に利用は進むだろう。

　また、この場所に来ないとどうしても知ることができない、考えることができない、といった極めて限定的かつタイムリーな情報を提供し、利用者とのインタラクション性の優れたデジタルサイネージであれば普及するであろう。

　すでに、東京の玄関である東京国際空港（羽田空港）や浅草駅のツーリストインフォメーションセンターでは、対話型のデジタルサイネージ「MINARAI」の実証実験を行っているが、空港や駅という旅行者が密集する空間においては有効だ。旅行者からの問い合わせ情報を蓄積し、機械学習を深化させることで、マイクとカメラを装備したデジタルサイネージやロボットが案内係としての対話を果たすことになる。

　実際に私も試してみた。「バリアフリー対応のトイレはありますか？」という問いかけに対して、丁寧な音声案内に加えて空港内のマップにバリアフリー対応のトイレを表示し案内してくれた。さらにMINARAIのユニークな点は、対話が行き詰まった時には実際のオペレータに会話をつなぐことができることである。まさに、"おもてなしニッポン"といったサービスである。

　今後デジタルサイネージがさらに都市に認知されるためには、一人の利用者に占有されない、複数人が同時に利用できるシステムが必要になるであろう。特に災害時など、利用者の知りたい情報は個々に異なるであろうし、順番を待つような悠長なことはできないため、複数人利用のシステムに期待がかかる。

【機械学習】機械学習（machine learning）は多種多様なデータをもとにコンピューターにルールやパターン、知識を学習させ、現状把握や将来の予測をする分析手法のこと。

●図1-3　MINARAIを搭載した「AI-SAMURAI」＠浅草駅　サムライの格好をしたマネキンが旅行者の質問に対応する（撮影：著者）

都市とソーシャルメディアとの親和性

　ソーシャルメディアは都市との親和性が高い。今やソーシャルメディアによる拡散で新しいカフェが流行り、ソーシャルメディアがあることでどこでもコミュニケーションが可能となり、深夜営業のファミレスが激減する時代である。

　一般にソーシャルメディアは操作時間が短いものが好まれる傾向がある。LINEのスタンプは言うまでもなく、世界中に3億人以上のユーザーがいるTwitterは140字の文字制限がある。また、Instagramは写真を中心としたSNSと

して有名だが、アプリを起動してから10秒もかからず投稿
することができる。写真を加工するSnapchatにしてもそ
れほど時間はかからない。

　渋谷スクランブルの歩行者信号は45秒程度であることか
ら、通行しながらLINEやTwitter、Instagramからスタン
プやメッセージ、写真を投稿することは（危ないが）容易だ。
写真の背景に渋谷スクランブルが映り、タグに#shibuya
と記述すれば、多くのユーザーの目に留まる可能性が出て
くる。

都市にフィットするメディアとは

　整理すると、渋谷のような過密した都市の日常ではス
トーリー性のある映像や大量の文字はあまりフィットせ
ず、広告や音楽を中心としたコンテンツがスマートフォン
やデジタルサイネージを通じて往来し、加えてソーシャル
メディアを使うシーンが増えていくことになる。

　しかし、都市の魅力は渋谷のような人口密集地域だけ
ではない。東京ひとつをとって見ても、ビジネスと観光の
玄関口である東京駅、2020年東京オリンピック・パラリン
ピック競技大会の会場の一つお台場においても、今さまざ
まなメディアを利用した試みや現象が始まっている。

1.3
シームレス化するメディア

シームレスという言葉は、空間がバリアーなく連続していることを意味するが、ここでは、現実空間と仮想空間（バーチャル空間やサイバー空間ともいう）のつなぎ目ない世界と解釈し、この2つの世界で利用できるメディアについて解説する。シームレス化するメディアを理解するために、具体的な事例を2つ示す。プロジェクションマッピングと位置情報ゲームである。位置情報をキーとし、現実空間と仮想空間を行ったり来たりすることができる。ともにAR（Augmented Reality：拡張現実）技術と親密な新しいメディアである。

プロジェクションマッピングの進化

　プロジェクションマッピングは、現実空間にある三次元オブジェクト、つまりモノの形状に合わせ、プロジェクターを使って映像を投影し、模様や陰影を加える技術である。

　古くはディズニーランドのアトラクション「ホーンテッドマンション」のお化けの演出、最近では音楽ユニットPerfumeのライブ演出が有名だ。ホーンテッドマンションはペッパーズゴーストと呼ばれるハーフミラーを利用した方式により、あたかも空間に映像（お化け）が浮かんだ状態で見える。また、Perfumeが2015年3月に米国で行ったイベント「SXSW」（South by Southwest）で魅せたライブパフォーマンス「STORY」は、3人のダンスに映像がぴったり追随している。リアルタイムで3人をトラッキングする高度な技術と精度の高いダンスとの融合により、実現したパフォーマンスと言えよう。

25

当初は限定されたイベント空間で利用されることが多かったプロジェクションマッピングだが、専用のソフトウェアが使いやすくなり、プロジェクターが飛躍的に高輝度になったことで、屋外のビルや寺院など歴史的建造物への投影が可能になった。

　特に、2012年に東京駅の壁面を利用した「TOKYO STATION VISION」と「TOKYO HIKARI VISION」の空間演出は、スケールの大きな試みであった。

●図1-4　東京駅プロジェクションマッピング　音楽に合わせトランペットやシンバルが動き出す。　出所：NPO法人GADAGO Tokyo Art Beatのウェブサイト

　誰もが知っているクラシカルな東京駅を見事に打ち壊し、新しい物語とメッセージを私たちに伝えてくれた。都市はいつでも再デザイン可能であり、現実空間は仮想空間に置き換わることができる。両作品とも10分程度の映像・音楽となっているが、東京駅にちなんで「旅」をコンセプトにしている。「TOKYO STAION VISION」は過去から未来に向けた旅、「TOKYO HIKARI VISION」は光の世界を巡る壮大な旅になる。東京駅を媒介にして前者が時空間を、

後者が宇宙空間を表現している。映像だけであれば映画館で上映してもいいのだろうが、東京駅という空間を利用することでその場に参加した人の思いやコンテクストによって感動が異なる。このような体験ができることもプロジェクションマッピングの魅力の一つである。

　東京駅はかつての江戸城に隣接する上屋敷に位置するが、幕府を黒船から守る砲台として誕生したのがお台場（御台場）である。今も第三台場は台場公園として残されているが、夜になると東京湾に架かるレインボーブリッジ、そして対岸の東京タワーと無数のイルミネーションが眩い観光スポットとしても知られている。周辺は連日イベントやコンサートが開催され、商業施設、ホテルに加えて複数の科学館が立ち並び、学生やファミリー、外国人旅行者で賑わっている。お台場はまさにメディアのショールームであり、未来を創造する実験場でもある。
　そのお台場は、プロジェクションマッピングにおいても最先端の取り組みが行われている。
　2014年には実物大のガンダム立像を利用した「ガンダムプロジェクションマッピング G-Party35 “RISE！”」が、2015年からはヴィーナスフォートを舞台にしたプロジェクションマッピングが始まった。NAKED Inc.によるこのイベントは「商業施設（ヴィーナスフォート）を劇場へ」再デザインすることを試みている。
　また、2016年12月には第1回「東京国際プロジェクションマッピングアワード」が東京ビッグサイトで開催された。学生を対象にしたコンテストで、17の作品が逆ピラミッドの壁面に映し出され、専門家の審査を受けた。審査の基準がやや技術に寄っている印象だが、今後はストーリー性など考慮した作品に期待したい。
　記憶に新しいリオジャネイロオリンピックの閉会式に驚いた方は多かったはずだ。33種類のスポーツ競技を示す

●図1-5　第1回東京国際プロジェクションマッピングアワード（東京ビッグサイト）　最優秀賞を受賞したデジタルハリウッド大学の作品（撮影：著者）

映像が広い会場の空中に浮かび上がった。ライゾマティクスリサーチが手がける映像の原理は定かではないが、映画「マイノリティリポート」や「スターウォーズ」のホログラムをイメージさせるこの演出は、プロジェクションマッピングの未来を感じさせるものであった。ホログラフィー（ホログラムを作成する技術）は世界中で研究が進んでいる。近い未来には、ありとあらゆる空間において立体的なメディアを表現することが可能となり、街をより自由にデザインすることができるようになるだろう。

位置情報ゲームで体感するシームレスな世界

　一方、2016年の夏に突如出現した位置情報ゲーム「ポケモンGO」は、リビングや教室といった閉鎖空間でゲームをしていたユーザーを、ストリートや公園へと導くことに成功した。
　ポケモンGOは街の特定の場所に行くと、スマートフォンにポケモンと呼ばれるキャラクタが出現する。ユーザー

はアバターになってそのポケモンをゲットして、ポイントを貯めながら成長していく。ポケモンは現実空間に行かないと現れないため、ユーザー（ゲームプレイヤーとも呼ぶ）は、外に出て一所懸命探すことになる。お台場周辺にレアなポケモン「ラプラス」が出現したために、警視庁が出動するほどの騒ぎになり、社会問題とまでいわれた。

●図1-6　公園に集まるPokémon GOのプレイヤー

　ポケモンGOを開発したNiantic, Inc.（ナイアンティック）はグーグルの社内スタートアップ企業だ。ポケモンGOに先駆けて2013年に位置情報ゲーム「Ingress」（イングレス）をスタートしている。Ingressは他のユーザーと交流しながら、仮想世界のストーリーに合わせてテリトリーを拡大する陣取りゲームだ。仮想世界でありながら、実際は地図とGPS等で取得した位置情報を利用するため、現実空間に出向かなければならない。Ingressのウェブサイトに示された"The world around you is not what it seems."（あなたのまわりの世界は見えているものとは限らない）という言葉通り、リアルとバーチャルが重畳するシームレスな世界観を実現している。

　また、Ingressが設定したストーリーに合わせたバトルイベントは世界各国で行われているが、2016年7月には、一連のイベントの最終決戦「XMアノマリー　Aegis Nova

●図1-7　Ingress　現実世界とスマートフォンに写しだされる仮想世界　－戦いの世界－　の違いが表現されている　出所：Ingress

Tokyo」が東京で開催された。

　イベントはクラスター（戦うエリア）の中で、2つの陣営に分かれスコアを競うものだが、渋谷、新宿、秋葉原、浅草などを実際に走り回り、終了後にお台場に集結し、成果を発表した。トータルで一万人以上が参加し、フジテレビ本社ビルやヴィーナスフォートには勝者陣営を称える文字や映像が流れ、お台場がIngressにジャックされた夜となった。

　このようなイベントを通じ、コミュニティーが地域に拡大し、さらには海外のコミュニティーとのつながりも生まれる。ポケモンGOとは違い、位置情報を上手く使ったコミュニティー創出の仕組みである。

●図1-8　Ingress XMアノマリー Aegis Nova Tokyo@お台場　アフターパーティの模様　エンライテンド陣営がレジスタンス陣営に8581対5733で勝利した　出所：Niantic

1.4 シームレスメディアを支えるセンシング&マッピング

ポケモンGOなどの位置情報ゲームがまちづくりに一役買っている。AR技術を利用したシームレスメディアをつくり出すのに欠かせないセンシングとマッピングの動向について解説しよう。

AR技術が生み出すシームレスメディア

社会現象になったポケモンGOだが、ポケモンをゲットする画面の右側にあるARボタンをオンにすれば、現実空間に仮想空間のポケモンを重ね合わせることができる。

図1-9　ARボタンがオフの場合、ポケモンはゲーム画面の中に表示される

ARは日本語では拡張現実と呼ばれているが、現実空間にコンピューターグラフィックスや映像を正確に重ね合わせることでシームレスに"現実空間を拡張"させる。その方法はGPSに代表される衛星測位システムを使った位置情報（ロケーションベース）によるものと、マーカーなど定形図形をカメラに認識させるものがある。

ポケモンGOのように現実空間で利用する場合は、マーカーを至る所に置くことは不可能である。また、マーカーを利用せずに現実空間の物体を認識する研究も進んでいるが、リアルタイムで認識し続けるのは計算コストが高くなる上に、環境が変化しやすい屋外空間ではさらに困難となる。そのためポケモンGOは位置情報とスマートフォンに内蔵されるジャイロセンサーや地磁気センサー等を組み合わせることによって、下の写真のように海から公園にポケモンが上陸したような演出を可能としている。

ちなみに、この写真は横須賀市内のヴェルニー公園で撮影したものだが、横須賀市は地域の魅力をIngressやポケモンGOによって伝えていく観光イベントを積極的に展開している。こうした流れが、2017年2月にポケモンGOが発表した地方自治体と共同で作成する「周遊マップ」につながっていく。

Ingress 以前の AR 研究

ARの研究は1990年代から活発に行われてきており、ARを応用したアイデアやサービスもIngressやポケモンGOより以前からある。

2007年にNHKで放送されたアニメ作品「電脳コイル」では、202X年の都市を舞台にして、電脳ペットや電脳生物が主人公の電脳メガネを通じて登場する。

また、スマートフォンが普及しはじめた2009年には現実空間に「エアタグ」と呼ばれる仮想のメッセージを付けることができる「セカイカメラ」が話題になった。2011年に

図1-10　ARモード　Pokémon GO　（横須賀ヴェルニー公園）　写真提供：竹田和弘

は、東京都内20箇所に設定されたエアタグをセカイカメラによって集めると、スニーカーなどが抽選で当たるサービスを展開していた。ポケモンGOの原型といっても過言ではないだろう。

●図1-11　セカイカメラ　カメラ画像にたくさんのエアタグが表示されている

　さらに、2013年にはグーグルはメガネ型のARディスプレイ「Google Glass」を全米で開発者向けにリリースした。小さなディスプレイに映った"ok glass"という表示に、多くのエンジニアが未来を感じた。私も知人である関治之氏（一般社団法人コード・フォー・ジャパン代表理事）から借りてメガネのツルをこすりスクロールさせ、スマートフォンと連動してマップが表示された時は、「これでナビゲーションの世界が変わる」と感じた。今後は手のひらをスマートフォンから解放でき、Google Glassだけを持って外出するようになるのではないかとワクワクしたものだ。

　その後、Google Glassは安全性やプライバシーの保護の問題が指摘され、またデザインや価格の改善を打ち出せず、2015年1月に個人向けビジネスから撤退することになった。そのため誰もがARをビジネスにつなげるのは難しいと感じていた時、ポケモンGOが突如現れた。ポケモンGOの成

●図1-12　Google Glassをかけた時に映し出される合成画像

功で、ようやくマーケットが追いついたと言えるだろう。

AR vs. VR

　ところで、AR同様ここ数年注目を集めている技術の一つにVR（Virtual Reality：バーチャルリアリティ）がある。VRは仮想現実と訳されているが、主にコンピューターグラフィックスによって作り出された映像をヘッドマウントディスプレイ（HMD）等に映し出す世界観を意味する。写真はバンダイナムコグループのメガハウスから発売している「ボッツニューVR」と呼ばれるHMDだが、装着することで周りの景色は全く見えなくなり、まさしく仮想世界に没入することになる。

　このようにVRは没入感が大切になるため、基本的には自宅や体験スペースなど閉鎖空間での利用に限定される。ゲームや医療、教育コンテンツ、さらにはスポーツトレーニングとの相性はいいが、街やストリート、公園で利用するのには向いていない。そのためARに期待がかかる。

　アップルの最高経営責任者ティム・クックは2016年9月、ABCニュースのインタビューで「VRよりARに大きな可能性を感じる（原文：augmented reality is the larger of

●図1-13　VR用ヘッドマウントディスプレイ(お台場 ダイバーシティー VR ZONEにて、撮影:著者)

the two, probably by far)」とコメントしているように、ARのポテンシャルは高い。アップルが今すぐ「Microsoft HoloLens」(ホロレンズ)のようなARデバイスを製品化するかどうかは分からないが、私たちがiPhoneではなく「Apple Glass」(「Apple HMD」かもしれない)を持って外出する日は遠からず来るだろう。

位置情報の取得に欠かせないセンシングとマッピング

　ポケモンGOが位置情報ゲームの一つであり、ARを利用していることは分かった。そして位置情報ゲームはプロジェクションマッピングと同様、シームレスメディアを実現している。シームレスメディアを支える技術はさまざまあるが、現実空間と仮想空間をつなぐポイントである「位置情報」に着目し、位置情報を取得するセンシングと、取得したデータを分析・可視化するマッピングについて話を進める。

センシング

　センシングとは「センサーを利用して温度、圧力、液量、光、磁気などの物理量やそれらの変化量を検出すること」であるが、ここでは主に「位置情報を取得することを目的とした電波を計測するセンサーを使った技術」に絞って解説する。

GNSSで進む高精度な位置情報

　位置情報を取得する方法（測位またはポジショニングという）の代表的なものはGPS（Global Positioning System）だ。上空約2万キロメートル離れた所から電波を送信し、GPS受信機によって受け取る。GPSの電波だけの位置情報の精度は数10メートル程度だが、さまざまな補正手法により精度を向上させることができる。

　測位を主目的とした人工衛星（測位衛星）を複数利用したシステムはGNSS（Global Navigation Satellite System：全世界的航法衛星システム）と呼ぶ。現在、測位衛星はロシアの「GLONASS」、中国の「北斗」（BeiDou）、欧州の「Galileo」、インドの「IRNSS」など約100基が軌道を周回しているが、今後さらに増加することが予想されている。

　日本も2010年9月に準天頂衛星（Quasi-Zenith Satellite：QZS）を1基打ち上げて試験運用を開始しているが、2017年にはさらに3基の打ち上げを予定しており、4基体制となりいよいよ本格運用が始まる（※2017年9月時点では3基体制となっている）。準天頂衛星は日本の天頂付近に長く滞在することから、高層ビルの谷間など、従来の衛星測位システムが苦手としていた高精度な測位が期待されている。すでにGNSS用のチップには準天頂衛星システム（QZSS）の電波を受信できるものがあり、カーナビゲーション、特に自動運転の分野で研究が進んでいる。

課題は、カバーエリアが日本および東南アジアからオセアニアと限られていることから、汎用的なスマートフォンへの実装が進まないことであったが、人気の高いアップルのiPhoneが2017年1月19日、日本版のiPhone 7/7 PlusとApple Watch Series 2で準天頂衛星システムの対応を開始した。今後重要となるのは、高い精度で測位する必要のあるアプリやサービスが登場するかである。

●図1-14　2015-2022までのGNSSの推移の予測
出所：GPS WORLD, 2013.05.01

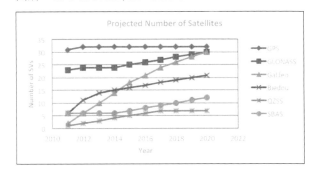

　ポケモンGOを起動すると「GPSによる測位を開始します」と表示される。実際はGPSだけでなくGNSSと携帯電話会社の通信基地局等を利用した測位システムをハイブリッドで利用して位置を算出している。しかし、位置精度はそれほど高くはない。その証拠に、アバターが道路から外れて歩いていることがしばしばある。しかし、ポケモンGOにはそれほど高い位置精度や正しい向きは今のところ必要ない。ポケモンのいる場所にある程度近づければ、ゲームとして成立する。今後、ポケモンが潜む場所にあと30cm近づかないと出現しないといった仕掛けが必要になるかは分からないが、QZSSの運用が進めば、技術的には可能になるだろう。

期待されるインドアポジショニングの高精度化

　屋外の位置情報の高精度化より急がれているのが、測位衛星からの電波が届かない屋内の測位（インドアポジショニングと呼ぶ）だろう。

　都市には広大は屋内空間が広がる。たとえば、東京駅や新宿駅の広大な地下街において位置情報を取得し、ポケモンを登場させることができれば面白い。屋内であれば交通事故などの問題も軽減され、普段意識をすることが少ない段差やスロープ、点字案内などを、ゲームを通じてユーザーに知ってもらうこともできるかもしれない。

　インドアポジショニングは、すでに多くの手法が実用化に向けて試されているが、エリアが限定されており、精度の問題のみならずセキュリティや保守管理の課題が解決されておらず、GPSのようにどこでも利用できるインフラには至っていない。

　たとえば、Wi-Fiの電波を利用する方法は都市部では有効だ。Wi-Fiホットスポットは東京にはあふれており、密度も一定レベルに達している。

　また、Wi-Fiと同じ周波数帯を使う「Bluetooth Low Energy」（BLE）を利用した「ビーコン」と呼ばれるデバイスは、安価な上、ボタン電池で数年動くため、主要な駅や地下街、空港など各地で実証実験が進んでいる。中でもビーコンの電波を受信することでお得な情報やクーポンを配信する仕組みはO2O（Online to Offline：インターネットから実店舗への誘導）の切り札として注目されている。

　ビジネスや技術ニュースの専門サイト「BUSINESS INSIDER」によると、米国ではスポーツイベントでのビーコンの利用が進んでおり、MLBスタジアムの93％、NFLスタジアムの75％、NBAアリーナの53％、NHLアリーナの47％にビーコンデバイスが設置されており、また、FacebookやLINEもビーコンを利用したさまざまなO2Oサービスを

【O2O】O2O(Online to Offline)はネットのアクセス（Online）をリアルビジネス（Offline）に波及させる取り組み。たとえばネットで知り得た商品の情報やクーポンをもとにユーザーを実店舗へ誘導する。

整理すると、インドアポジショニングは、屋内空間にWi-Fiやビーコン等のセンサーを設置する方式の場合、どのように設置し運用するのか設計とコストの問題があり、センサーに依存しない歩行者自律航法はスマートフォンの個体差とバッテリーの問題がある。

　近い将来、技術革新が起きてこの問題は解決する可能性は高いと思うが、しばらくは利用シーンやアプリによって適切な測位手法を選択、組み合わせることになるだろう。

●図1-16　測位システムの精度とカバーエリア　増え続ける都市の屋内空間の全てをWi-FiやBLEでカバーするのは難しいため、隙き間を埋めるPDRに期待がかかる。　出所：インターネット白書2015、位置情報ビッグデータを支える技術（著者執筆）を一部修正

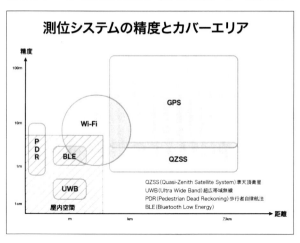

提供し始めている。

下図はアップルが規格したビーコン「iBeacon」の仕組みである。とてもシンプルなものだが、ビーコンに限らず無線電波を無反射することなく正確に捉えることは難しく、特にドアや壁の多い屋内空間では精度にばらつきが出てしまう。

●図1-15　iBeaconの仕組み　円の中心の図形がビーコン　スマートフォンはビーコンとの正確な距離や設置している方向は分からないが、電波の領域に入ったことは分かる。

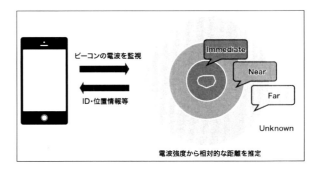

【フィンガープリンティング】個人や端末を特定する方法を意味するが、ここではWi-Fi等の電波の信号強度から成る環境情報を使い測位精度を高める技術のこと。

そのため、フィンガープリンティングと呼ばれるWi-Fiやビーコンの設置位置や電波強度情報による補正処理によって精度の向上を目指しているが、環境の変化が激しい都市の屋内空間においては、鮮度を保つのが難しい。同様に、地磁気を利用した環境情報から位置を推測する方法も難しい。また、スマートフォンに内蔵される加速度センサーや6軸のジャイロセンサーから位置を推測する歩行者自律航法（PDR：Pedestrian Dead Reckoning）も研究が進んでいるが、スマートフォンの個体差やバッテリー消費の問題がある。その他にも、工場や倉庫など特定の屋内空間では電波の特性上障害物にも強い超広帯域無線(UWB：Ultra Wide Band)もあるが、スマートフォンによる利用は進んでいない。

マッピング

プロジェクションマッピングが普及したことで、マッピングという言葉も定着しつつある。最近では可視化の一手法として扱われることも多いが、元々は「何かを映し出す技術、写像」という意味である。

最も分かり易い具体例は「地図（マップ）」だ。現実空間をある縮尺の元、極力正確に平面または立体的に映し出す。人は文字より先に地図を使ってコミュニケーションしていたという説もあり、紀元前1500年頃に描かれたイタリア北部カモニカ渓谷の地図（岩絵）には、記号を使い土地に関する情報を伝達していたのではないかと言われている。

●図1-17　カモニカの渓谷の岩絵をトレースした写真　集落らしい絵が描かれている。　出所：wikipedia The Bedolina Map and its tracing

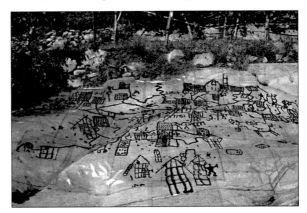

進むマッピングの自動化

今では世界中の地図をインターネットで見ることができるようになった。その地図も平面的なものばかりではなく、立体的な3次元地図や衛星画像、車載カメラから写したス

トリートの画像まである。すべて現実空間をマッピングした結果である。

　伊能忠敬は江戸後期に17年かけて自分の眼と足をセンサーとして使い全国をくまなく測量し、日本地図（大日本沿海輿地全図：伊能図とも呼ばれる）を作成したが、現代は高性能のデジタルカメラやセンサーを搭載した人工衛星や航空機から瞬時に地形データを取得していく。最終的にマップにするには、地名や地物（道路や河川など）等の名称を紐付ける作業は人がしなくてはいけないが、その領域も少なくなっている。

　オックスフォード大学で機械学習を専門にしているマイケル A. オズボーン准教授と経済学を専門としているカール・ベネディクト・フレイ博士が2013年に発表した研究成果は興味深い。論文によると、近い将来に自動化される職業として「Cartographers and Photogramme-trists：地図製作者と写真測量技術者」は確率として0.88、「Surveying and Mapping Technicians：測量とマッピング技術者」は0.96と高い数値になっている。

　このようにマップの自動化技術は急速に進んでいるが、屋内空間におけるマッピングはまだ難しい。前述した通り屋内空間のポジショニングは解決していないが、正確な位置が分からないということは、マッピングができないということである。百貨店やオフィスビルに設計図面があれば流用することも可能だが、地下街や複雑な駅構内は造られた時代や権利者が異なることが多く、整備するのは難しい。まして、権利者間の調整をする作業はロボットにはできないであろう。Googleマップを見ると、比較的新しい商業施設は整備されているが、渋谷駅など複雑な構造となっている屋内空間は歯抜けた状態である。それでも日本の整備状況は世界の中では進んでおり、他国はほとんど手付かずだ。最近では地上型のレーザスキャナーを利用して、複

雑な屋内空間の計測する手法や、グーグルが「Tango」と称して進めている二眼カメラのスマートフォンによる技術も出てきた。Tangoは一つのカメラでモーショントラッキングを行い、もう一つの赤外線カメラで屋内空間の奥行き（深度認識）を認知する。さらに、取得したデータを学習させて、屋内空間をマッピングさせる。このような技術革新により、今後も整備は徐々に進むと考えられているが、情報更新のコスト問題や、複雑な構造をより分かりやすく表現する方法の改善が求められる。

●図1-18　左：Lenovo Phab 2 Pro　Project Tango対応のスマートフォン　右：屋内空間をマッピングしているイメージ画像　出所：Lenovo

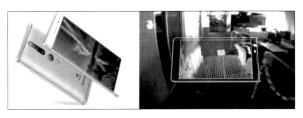

　一方、現実空間を投影したもの以外にも地理的な情報をマッピングすることがある。たとえば国境だ。国と国とのボーダにラインを引くことにより、時に紛争を引き起こすが、さまざまな事象をあぶり出すこともできる。

　下図は国連WFP（国際連合世界食糧計画WFP協会）が毎年公表している「ハンガーマップ」である。世界の飢餓状況を国ごとに5段階の色塗りをしている。もちろん統計による正確な数値を確認することは大切だが、地図という世界共通のフォーマットにマッピングすることで、容易に理解することができる。

　このような統計データをマッピングする試みは古くから行われている。たとえばフランスでは"Le dessous des cartes"（地図の裏（下）側に生じている出来事）というタイトルのテレビ番組がある。この番組は地図だけで世界の

●図1-19　ハンガーマップ2015年版　出所：WFP

　人口や環境、都市、政治の問題を浮き彫りにする12分間のもので、地政学者として高名なジャン＝クリストフ・ヴィクトル氏が制作、司会をしている。残念ながらヴィクトル氏は2016年12月に他界されたが、驚くことにこの番組の初回放送は1990年で、今では毎週放送されている。さすがは「一国の地理を把握すれば、その国の外交政策が理解できる」（La politique des États est dans leur géographie）と名言を残した、初代皇帝ナポレオン・ボナパルトを生んだ国である。

　日本ではこのようなテレビ番組を見たことがないが、統計データを利用したマッピングサービスはいくつかある。その代表的なものは内閣府地方創生推進室が進める「RESAS」（Regional Economy Society Analyzing System：地域経済分析システム）と総務省統計局の「jSTAT MAP」である。

　RESASは人口、観光、まちづくりなど8つのカテゴリ

に合致した官民が整備するビッグデータをマッピングしている。2015年4月からの公開とまだ日が浅いため、データの量・質とも十分とは言えないが、さまざまなチャレンジをしている。一例として、外国人旅行者に人気の北海道ニセコ町の課題をRESASにより可視化し、政策立案をするワークショップ「ニセコは観光で稼げているのか」を開催した。多様なステイクホルダー（利害関係者）を巻き込んだ議論を可能にしたと言えよう。

　一方、jSTAT MAPはオープンになっている統計データ（国勢調査、事業所企業調査、経済センサス）をマッピングしている。マッピングするエリアが町丁・大字や500mメッシュと細かいことから小地域分析と呼ばれているが、ひと昔前であれば高価なGIS（地理情報システム）がなければマッピングできなかった機能を無償で使うことができる。今後はこの2つのサイトを連携させ、さらにデータの質と量を拡充し、操作性と汎用性が向上することに期待したい。

【町丁目・大字や500メッシュ】町丁目・字とは日本の住所体系の1つであり行政界（エリア）を持つことから、統計データなどの集計に利用される。同様に500mメッシュは日本の国土を緯度・経度により約500メートル四方の網の目（メッシュ）にすることで、統計データの集計等に利用している。

●図1-20　jSTAT MAPを使い渋谷駅周辺の宿泊業および飲食業の従業者数を色分けしてマッピングしている

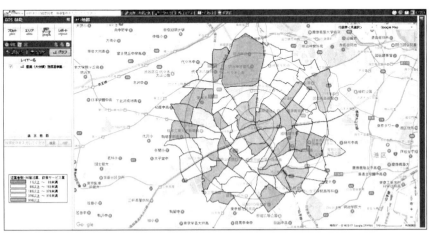

Chapter 2

センシング＆マッピングが街の魅力を創る

Chapter2では高度なセンシング＆マッピング技術がオリンピック・パラリンピックを迎える都市の「まちづくり」に、どのような貢献をしているかについて話を進める。私たちの住む「街」はテクノロジーによってどこまで分かってきているのか、そしてどこに向かい、その限界はあるのだろうか。最先端の研究事例と、ロンドン、ニューヨーク、バルセロナ、シンガポールといった世界の主要都市において、今どのような取り組みが始まっているのかについて紹介する。

2.1
2020年、IoTはどこまで東京に貢献できるか

東京をより世界的に評価される都市にするためには、センシング&マッピングをどのように進化させていけばよいのだろうか。「世界の都市ランキング」からわかる東京の現状を把握し、さらにMITの「Senseable City Lab」の先端研究を解説し、センサーシティーへと発展するための課題について考える。

変わりゆくIoTのトレンド

　従来はCyber Physical Systems、M2M、物聯網（ウーレンワン）といった仕組みを実現するためにデータ収集を行う道具として語られることの多かったIoT（Internet of Things）だが、そのトレンドはより力強く推移している。全てのモノがインターネットにつながり、やり取りをするというIoTの概念は、多くの人に浸透したといっても言いだろう。

　都市においては「スマートシティー」という言葉が先行していたが、刻々と変化する街をセンシング&マッピングするという文脈においてはIoTと同義だ。人口の増加に伴い、都市はさらに人口が集中することが予想されるため、街の至るところに埋められたセンサーをネットワークにつなげていくことで、効率的に管理する必要がある。

　都市を人間に例えるなら、体にさまざまなセンサーを取り付けた状態は少し居心地が悪い気もするが、体調や心の変化を見逃さないという意味では安心だ。街の喜怒哀楽を

【Cyber Physical Systems、M2M、物聯網】Cyber Physical Systemは物理世界の情報とサイバー世界の情報を融合する概念。M2M（Machine to Machine：マシーン・ツー・マシーン）は機器同士の通信を意味する用語。IoTと異なり機器に限定して通信するシステムである。物聯網（ウーレンワン）は物が連なるネットワークを意味し、中国におけるIoTとも言われている。

【スマートシティー】都市の社会インフラや生活インフラサービスを対象に情報通信技術を用い管理・制御能力を持たせることを意味する。

50 ▶▶▶ Chapter2　センシング&マッピングが街の魅力を創る

センシングし、データを使い課題や魅力を分かりやすくマッピングすることで、人の行動を変え、また新たな喜怒哀楽を生む。IoTのまちづくりへの貢献は、こうしたデータ循環型社会を作り出すことにあるとも言える。

●図2-1　The Internet of Things　2012年のLeWebにてEsther Gonsによって描かれたイメージ。家や植物、ドローンや人の身体がインターネットにつながっている。

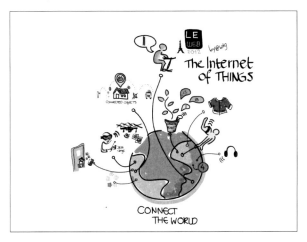

アクチュエータとマッピング

　IoTを語る時には「アクチュエータ」という用語を使うことが多い。アクチュエータを直訳すると「作動装置」となる。センサーによって取得されたデータを分析し、何らかの「動き」につなげる。温度センサーのついたエアコンは室内を適温に保つし、人感センサーや照度センサーのついた照明機器は室内を適切な明るさに調節する。私たちの周りには既に多くのセンシングとアクチュエータの仕組みがある。また、スマートフォンに内蔵される加速度センサーを利用すれば、歩数をカウントしディスプレイに表示することができる。このような可視化の表現もアクチュエータ

の一つと言われているが、本書ではアクチュエーターではなくマッピングという言葉を使っている。なぜなら「まちづくり」においてはすぐに「動き」につながることは少なく、まずは一旦、街の状態を正しく分かりやすくマッピングすることで、市民の行動につなげていくことが重要だからである。

　同様に、機械によるセンシングだけでなく、人によるセンシング、つまり市民の声やメッセージを集めることも、センシングという言葉に含めている。「まちづくり」においては、ヒューマンセンシングが重要になると考えている。

東京・世界第3位の実力

　世界の都市ランキングは各国のシンクタンクが発表している。日本においては森記念財団の都市戦略研究所が2008年から毎年発表している「都市総合力ランキング」（GPCI：Global Power City Index）が、70もの指標がありながらインフォグラフィックスを駆使して、とても分かりやすい。

　GPCIによると、対象となる42都市の中で、東京は2008年から2015年まで8年間ランキング4位であったが、2016年はテロ事件が起きたパリを抜いてランキング3位となった。ちなみに1位はロンドン、2位はニューヨークとなり、2012年のロンドンオリンピックパラリンピックを境に順位を変えたが、二強体制は不動となっている。

都市ランキングの指標

　ランキングの指標となる分野は「経済」「研究開発」「文化・交流」「居住」「環境」「交通・アクセス」の6つがあり、東京は「経済」において為替変動（円安）や法人税率の引き下げが寄与し、ロンドンを僅差でかわして首位。研究・開発もニューヨークに次いで2位と高評価である。一方、文化・交流ではロンドンに大差をつけられて5位、居住は6位とやや低く、環境は12位、交通・アクセスは11位となりソウルをも下回っている。

　環境を構成する要素は「エコロジー」「大気質」「自然環境」となっており、特にエコロジーの指標となっている「再生可能エネルギーの比率（33位）」、リサイクル率（27位）と、大気質の「CO_2排出量（33位）」、「SO_2濃度・NO_2濃度（29位）」は評価が低い。

　交通・アクセスの分野を見ていくと、指標グループは「国際交通ネットワーク」「国際交通インフラキャパシティー」「都市内交通サービス」「交通利便性」からなっているが、

交通利便性の「都心から国際空港までのアクセス時間（27位）」、「タクシー運賃（30位）」と分かりやすい結果となっている。

●図2-2　世界の都市ランキング2016：分野別総合ランキング　横軸はスコア
出所：森記念財団 都市戦略研究所

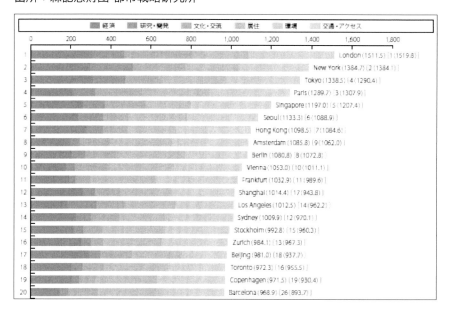

ランキングアップに欠かせないIoT

今後、世界ランキングを上げるためには「環境」「交通・アクセス」ともに規制緩和やインフラ整備といった政策が重要となるが、センシング＆マッピングの技術が貢献できる分野もある。

たとえば、準天頂衛星システムを利用して、レンタル自転車を24時間トラッキングし、その位置情報をスマートフォンで管理することができれば、今より自由に貸し借りを行うことができる。自転車の普及は環境に寄与するだけでなく、都市内交通サービスのさらなる向上、特に自転車文化

圏のビジネスパーソンや観光客の評価につながるだろう。

　また、一時ほどではないが、再生可能エネルギーとして太陽光パネルを取り付ける家庭も確実に増えている。都市部の家屋が密集している地域において太陽光発電に適した屋根は、人工衛星や航空機に搭載した光学センサーやレーザでセンシングし、屋根の形状を3次元にモデル化することで探しやすくなる（下図参照）。太陽光発電等によって得た電力の見える化システムは「スマートハウス」と呼ばれ、家庭内のエコ生活を後押ししている。

　今後は人感センサーやレーザーレンジスキャナーを利用して住宅内の人やモノの位置情報を取得し、電気をより細かくコントロールするサービスも登場するだろう。また、スマートハウスは住宅内にとどまらず、電気自動車とも連動するため都市の環境にも大きく関係してくる。

　このように、これからの都市ランキングにはIoTを効果的に利用することが重要になると考えられる。

【レーザーレンジスキャナー】
レーザーレンジスキャナー（Laser range scanner:測域センサー）はレーザーレンジファインダーとも呼ばれ、光波を使い空間をスキャニングし、物体までの距離を測定する装置のこと。

●図2-3　東京ソーラー屋根台帳　太陽光発電に適している建物が塗りつぶされて表現されている。　出所：東京都

センサブルシティーへの期待

「世界を可視化する」プロジェクトを推進するMIT（Massachusetts Institute of Technology：マサチューセッツ工科大学）のSenseable City Labが発足したのは2004年である。以来、さまざまな都市において、人や車、ユニークな事例としてはゴミにセンサーを付けて街の情報を可視化している。ゴミの量を事前に知る事ができれば、ゴミ収集車を効率良く配車することが可能になる。このように都市の情報を可視化することによって、専門家だけでなく市民がまちづくりに参加できるようになる。

代表的な事例をいくつか紹介しよう。

事例1：コペンハーゲンホイール

コペンハーゲンホイールは、自転車のホイールに装着する後付けの自動走行ユニットである。Senseable City Labが2009年のCOP15で発表し、2014年から販売を開始した。スマートフォンと組み合わせて、速度や走行距離に加えて、気温や湿度、大気汚染物質の濃度、騒音が分かる。

プローブカーのコンセプトを自転車に応用するチャレンジは日本でも始まっているが、コペンハーゲンホイールは既存の自転車を利用できる上、真紅のホイールは思わず付けてみたくなるお洒落なデザインとなっている。コペンハーゲンホイールを付けた自転車が街中をくまなく走りまわることで、街の価値が向上することになる。

事例2：ルーブル美術館

伝統的な博物館や美術館は都市の魅力を構成する重要な役割を果たしているが、来館者がどのような行動をしているのか正確に把握することは難しかった。世界一の来館者数で有名なフランス・パリのルーブル美術館内において、

【COP15】Fifteenth Session of the Conference of Parties to the United Nations Framework Convention on Climate Change（第15回気候変動枠組条約締約国会議）の通称。温暖化対策の国際的なルールを決めることを目的とした国際会議。

【プローブカー】車両に搭載したセンサーで収集したデータ（プローブデータ）を送信する機能を持つ自動車。

● 図2-4 copenhagen wheel project 出所：MIT Senseable City Lab

　Bluetoothセンサーで収集した行動データを分析する研究を行っている。スマートフォンを持った来館者がBluetoothセンサーから発信される電波を受信することでその付近にいたことを感知し、回遊ルートを推測している。

　このユニークな試みをしているのは、Senseable City Labに所属する日本人研究者の吉村有司氏らである。分析の結果、滞在の短い来館者と長い来館者の行動パターンに大きな相違は見られなかったとある。時間のない来館者も見るべき作品は網羅しているとも言えよう。このことは美術館に限らず、観光など街歩きをするパターンにも当てはまるかもしれない。

●図2-5　Art Traffic at the Louvre通路に点在する点はルーブル美術館の来館者の位置を示す。滞在時間の長さに影響されず、代表的な作品は網羅していることが分かる。　出所：MIT Senseable City Lab

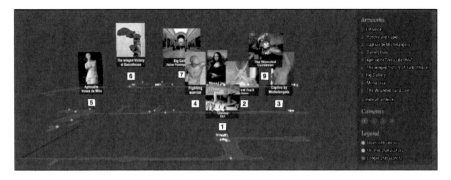

事例3：Hubcab

　Hubcabと呼ばれる取り組みは、2011年の1年間に1万3000台を超えるニューヨーク市内タクシーから集められた1億5000万回以上の乗車データを解析し、マップに可視化したものである。

　下図に示すように、マップには乗客の乗り降りしたポイントを黄色と青色で識別している。収集したビッグデータを使い、出発地と目的地を指定すると、そのルート上に相乗りする可能性の乗客がいるのかが分かる。より深い分析によると、マンハッタンを25分で移動できる距離を相乗りすると30分かかることになるが、タクシーの走行時間は32%短縮することできるといった結果が出ている。

　この結果はもちろん環境にやさしいことを意味するが、実際、Uber（ウーバー）が2014年から「UberPOOL」という相乗りサービスを始めており、実用化につなげている。Uberについては、「ライドシェアサービス」の項で詳述する。

●図2-6　HubCab　乗車位置は青色／印刷では薄いグレー　降車位置は黄色／印刷では白色で表現されている。夜間はマンハッタンで乗車し、ブルックリンやクイーンズで降車していることが見えてくる。　出所：MIT Senseable City Lab

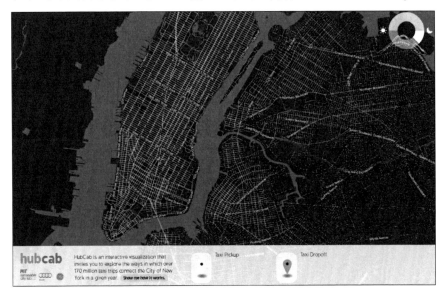

2.2
ライバル都市のチャレンジ

都市総合力ランキングで上位にいる「東京のライバル」たちが、最新技術をどのように利用しているのかについて検証する。まずはランキング5位のシンガポールの取り組みを紹介し、3位の東京より上位のロンドン、ニューヨーク、そしてセンシング&マッピングを強力に推進しているバルセロナのまちづくりを見ていこう。

シンガポールの現状

　都市国家シンガポール（シンガポール共和国）は、都市総合力ランキングでは、パリに続いて5位に位置づけられており、東京を急追するアジア最大のライバルである。

　シンガポールでは、最先端のERP（Electronic Road Pricing：電子道路課金）やMICE（Meeting Incentive Convention Exhibition）と呼ばれるまちづくりなど、リバビリティーを強力に推進している。

　シンガポールは東京23区とほぼ同じ面積の土地に、東京23区の半分程度の560万人が生活をしている。1980年初頭は人口200万人と少なく、労働力も不足していたため、外国人の移民を受け入れる政策を実施し、今では人口の3分の1以上が外国人だ。しかし、外国人が急増したことにより国民からは「移民に仕事や教育機会が奪われている」といった不満の声があがった。そのため移民を抑えつつも、すぐそこまでやってきている少子高齢化対策のために労働力をキープする必要があり、さまざまなITやバイオテクノ

【ERP】ERP（Electronic Road Pricing：電子道路課金）は車載器と道路上に設置されたゲートの間で通信を行い、料金を自動的に徴収する仕組み。

【MICE】企業等の会議：Meeting、企業等の行う報奨・研修旅行（インセンティブ旅行）：Incentive Travel、国際機関・団体、学会等が行う国際会議：Convention、展示会・見本市、イベント：Exhibition/Eventの頭文字からなる造語で、多くの集客交流が見込まれるビジネスイベントの総称。

【リバビリティー】リバビリティー（livability）は「住みやすさ」「暮らしやすさ」の意味。都市のリバビリティーは安全性、医療、教育、インフラ、文化・環境の点から評価を行う。

ロジーを活用して、業務を自動化、効率化することが急務となっている。

シンガポールでのドローン活用

その一つのユニークなチャレンジに、ドローンの活用がある。ドローンを使って物資の配達から、港湾の監視、災害対応や人命救助に加えて、デング熱の原因となる蚊の生息ポイントを把握して対処するなど、その導入事例は大小さまざまある。また、日本でも一時話題になったドローンが料理を運ぶレストランは、エンターテイメント性もありながら、労働力不足を補うためのもので、シンガポールらしいサービスと言えるだろう。

●図2-7 ドローンレストラン ドローンに料理を乗せて席まで届けている 出所：Infinium Robotics

シンガポールのCAAS（Civil Aviation Authority of Singapore：シンガポール民間航空庁）は、ドローンの利用ルールについて、6項目の「するべきこと(DOs)」と、8項目の「してはいけないこと(DON'Ts)」に分けて、イラストを交え分かりやすいガイドラインを公開している。ドローン所有の申請が不要であることに加えて、飛行高度こそ200フィート（約61メートル）以下に抑えているが、機

体総重量が7Kgを超えないものは、飛行許可の申請も不要である。

●図2-8　CAASのドローン利用ルール　出所：CAAS

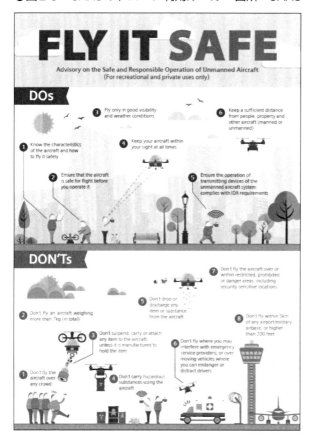

　一方で安全かつ効率的なドローン交通を実現するために、NTU（Nanyang Technological University：ナンヤン工科大学）が中心になって「ドローン航空管制システム」に関する研究をスタートしている。安全性を確保しながら、いかに効率よく飛行することができるか、航空規制やルールについてテストを重ねていく予定だ。このような規制の緩

和と安全への先端研究によって、新しいドローンサービスやベンチャー創出につなげていくことを目指している。

●図2-9　Traffic Management Solutions for Drones in Singapore　ナンヤン工科大学によるドローン航空管制システムの構想　空中衝突を避けるシステムや制限区域の仮想フェンスを設定できる。　出所：NTU

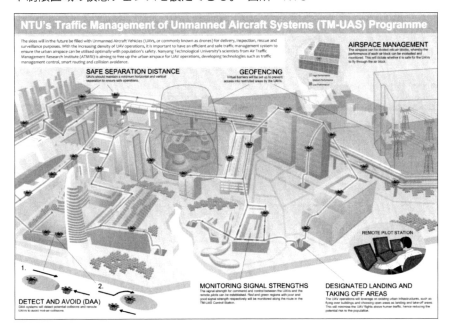

　ここからは、都市総合力ランキングで東京より上位にいる首位ロンドンと、2位のニューヨーク、そしてCityOSという魅力的な言葉を作り、長くセンシング&マッピングに取り組んでいるバルセロナのチャレンジについて話を進める。

シティーダッシュボード：ロンドン

シティーダッシュボードという取り組み

　2012年に3回目のオリンピック（パラリンピックは1回目）を成功させたロンドンは、東京が最もお手本とすべき都市の一つである。持続可能なまちづくりを目指し、多くのレガシー（ポジティブな遺産）があるが、センシング＆マッピングを活用した新しいまちづくりにおいても意欲的だ。

　ロンドンの街診断と言われるCityDashboard（シティーダッシュボード）は、都市の天候や大気、交通状況に加え、監視カメラによる街の様子、Twitterからの市民のつぶやき、さらには株価など経済の動きを一つの画面で確認することができるシステムである。

　CityDashboardはUCL（University College London）のCASA（Centre for Advanced Spatial Analysis：先端的空間解析センター）により2012年に運用が始まり、今ではバーミンガムやマンチェスターなどイングランドの主要都市をはじめ、スコットランドのエディンバラ、グラスゴーに拡大している。画面には数字や画像、そして動画、さらにはカラーランプと呼ばれるインジケーターにより、街の今が分かるように構成されている。可視化されるデータの大半はオープンデータであるが、リアルタイムで更新をしていることに注目したい。

進むオープンデータの活用

　オープンデータについて、少し補足する。

　オープンデータは、誰もが自由に使えるデータとして注目される。英国はオープンデータの整備が最も進んでいる国の一つであり、オープンデータ活用を進めているOpen

●図2-10　CityDashboard:LONDON　画像中央下にOpenStreetMapの更新情報が表示されている。

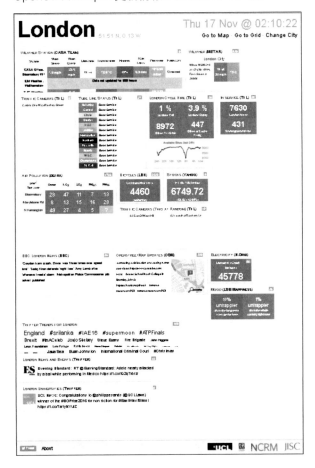

Knowledge Foundation（OKF：本部は英国）が2015年に発表した、世界各国のオープンデータに関する整備状況の調査結果「オープンデータ・インデックス」によると、英国は2位にランキングされている。残念ながら日本は31位となっており、英国に学ぶ点は多い。

また、予算や財政に関するオープンデータを利用したアプリケーション「Where Does My Money Go?」（税金はど

こへ行った？）はOKFが2007年より開発を進めており、英国がデータの整備とデータの利用をバランスよく進めていることが分かる。

一般的には人口統計データなど政府や地方自治体が整備するオープンデータが知られているが、企業や市民が整備するオープンデータも多い。市民オープンデータとして有名なものはウィキペディア（Wikipedia）とオープンストリートマップ（OpenStreetMap：OSM）だろう。

OSMは誰もが自由に地図を作ることができ、オープンに利用できる世界的な活動だが、2004年に当時ロンドン大学に在籍していたスティーブ・コースト氏が始めたことでも知られている。誰もが利用できる地図としてはGoogleマップも有名だが、実際は利用の制限があり、もちろん自由に地図を改編することは禁じられている。そのためOSMの活動は高く評価されており、地図作成のボランティア（マッパーと呼ばれている）も増加し、地図としての信頼性も日々向上している。その証拠にFacebookやポケモンGO韓国版をはじめ多くのサービスでOSMの利用が進んでいる。

Watch_Dogs WeAreDataという試み

都市を可視化するユニークな試みをもう一つ紹介する。ゲーム開発で有名なUbisoft Entertainment（ユービーアイソフト）によるWatch_Dogs WeAreDataである。

現在、ロンドン、パリ、ベルリンにおいて、交通、都市装置、ソーシャルに関するリアルタイム情報を3Dのスケルトンモデルにマッピングしている。Watch Dogsとは権力の番犬の意味を持つ。CityDashboardと異なり、真っ黒な背景に地下鉄の運行状況やInstagramの写真がリアルタイムで投稿されていて、不気味な音楽もあいまって独特の近未来感を表現している。電車の運行状況だけであれば日本でも「鉄道Now」というサービスがあり面白い。

●図2-11　オープンデータ・インデックス2015　英国は2位となっている。
出所：OKF

　　　　　　　　　　　　オープンデータやビッグデータを活用した
　　　　　　　　　　　CityDashboard、Watch_Dogsともに、ぜひ東京版を実現し
　　　　　　　　　　　て欲しい。

●図2-12　Watch_Dogs WeAreData 中央のラインが地下鉄、丸いポイントが電車の現在位置、ツイートやInstagramを投稿した位置にアイコンが表示されている。　出所：Ubisoft

LinkNYC：ニューヨーク

巨大なプロジェクションマッピング

　541メートルのワンワールドトレードセンターを筆頭に、200m超級の高層ビルが密集するマンハッタン。至るところにアートやビジョンがあふれ、街全体を劇場に見立てたバスツアー「THE RIDE」も観光客に人気だ。そのニューヨークの象徴の一つエンパイアステートビルを舞台にした「Projecting Change: Empire State Building」と称されるプロジェクションマッピングは、2015年の真夏に行われた。絶滅危惧にある生き物を巨大なビルに映し出すことで、市民や観光客へ「動物と人間の共生」を伝え、何らかのアクションにつなげる試みだ。後に、米国大統領選挙の速報もエンパイアステートビルに映し出されることになるが、新しいメディアがニューヨークという街を媒介として、市民や世界各国から集まる観光客・ビジネスパーソンとどう対話をするのか、興味が尽きない。

●図2-13　エンパイアステートビルのプロジェクションマッピング　絶滅危惧種の動物たちが投影された
出所：OBSCURA

公衆電話ボックスを利用したLinkNYC

　そのニューヨークの新しいチャレンジを紹介したい。

携帯電話の普及によって公衆電話が使用されなくなった
が、ニューヨーク市はマンハッタンの公衆電話ボックスを
Linkと呼ばれる情報端末に置き換えている。この活動は
LinkNYCプロジェクトと言い、2014年から始まり、2016年
には約500箇所の公衆電話がタッチポイントとして生まれ
変わった。1Gbpsの超高速Wi-Fiに加えて、デジタルサイ
ネージやAndroidタブレット、USB充電器、緊急電話番号
の911ボタンなどが装備される。

　サイネージに公共情報や広告を表示することでマネタイ
ズを見込む。市内を訪れる人々に必要な情報を、最も役立
つ場所とタイミングで提供することを目的として設置され
たが、2016年9月にポルノ閲覧など不適切な利用方法が多
く、長時間占有するケースが増えたため、タブレットから
のウェブ閲覧の機能が削除された。

　不適切な閲覧以外にも無料の公共Wi-Fiの課題は多い。
たとえばネットショッピング時の、プライバシーに関係す
る情報の保護に警戒する声もある。入力された個人情報の
商用利用は禁止されているが、Linkの運営は民間企業によ
るものである。LinkNYCに今後さらにセンサーやカメラ
が内蔵されることは容易に想像できるが、その時、プライ
バシーに関する情報を誰がどのように管理していくのか、
まちづくりの大きな課題になる。

　一方、地下鉄の全駅においても「Transit Wireless」と呼
ばれるWi-Fiが無料で利用できるようになった。このこと
をきっかけに、2016年8月から年末にかけて、乗客に新し
いWi-Fi体験を共有してもらい、世界中に発信することを
目的にした「Subway Reads」（地下鉄読書）キャンペーン
が実施された。175のタイトルの本を無料で読めるように
した、ユニークな試みである。

　地上と地下をシームレスにするこの2つの公共Wi-Fiプ
ロジェクトは、ロンドンにおいてももちろん始まっており、
東京も後れを取るわけにはいかないだろう。

●図2-14　LinkNYC：将来的には市内に7500台を設置する予定である　出所：Wikipedia

●図2-15　LinkNYC：側面にタブレット、911ボタン、ヘッドフォンジャック、電話、USB充電器が並んでいる　出所：Wikipedia

CityOS：バルセロナ

バルセロナオリンピック後の取り組み

1992年にスペインで初めてのオリンピックを開催したバルセロナだが、2000年に入り徐々に熱気が失われていった。そこで2005年に「Barcelona Batega」と呼ぶプロモーションを始めた。

東京理科大学の伊藤香織教授が代表をしているシビックプライド研究会によると、このプロモーション名には「あなたがドキドキして夢をもっていれば、バルセロナ市もドキドキする街になります」と言うメッセージが込められている。写真にあるような"B"とハートマークのデザインロゴを作成し、ライフスタイルや職業、教育といった市民の興味が高いキャンペーンに活用していった。

このようなプロモーションは市民が自分自身の問題として街を考えるきっかけになり、市民としての誇りを取り戻す「シビックプライド」という言葉で語られている。

●図2-16　Barcelona Batega　左：プロモーション用のフラッグ　右：工事中のシートにもロゴがプリントされている　出所：四国経済産業局

ここからはバルセロナ市が新しいアプローチにより街をより元気づける活動をしているので紹介する。

バルセロナのスマートシティープロジェクト

「まだ地球上の1%しかインターネットにつながっていない。」

　これは、スマートシティーを推進するシスコシステムズの平井康文社長の言葉である。1%の対象となるモノの範囲が分からないが、シスコが中心となって手がけているバルセロナのスマートシティープロジェクトを分析すると見えてくる。

　スマートライティング、スマートパーキング、スマートバスストップなどを利用して、都市の機能にスマートにコネクトする。その中核となるのが「CityOS」、都市のオペレーティングシステムである。CityOSはセンサープラットフォームやヒューマンセンサーの一つであるソーシャルネットワークからデータを収集し、解析やBI（Business Intelligence）を行い、さらに分かりやすい解釈を加え、危機管理室にマッピングする。

　たとえば、スマートライティングはセンサーを内蔵した街灯から交通データを収集し交通量に応じて明るさを調節することができ、さらに混雑状況によってナビゲーションやパーキングなどへの案内も可能にする。もちろん、水道や電力といったスマートハウスも整備しており、ゴミステーションやパーキングメータなど、あらゆる都市機能とコネクトしようとしている。CityOSは、市民の利便性だけでなく、管理コストの削減や雇用の創出を目指すことになる。

Fab Lab Barcelonaによる大気情報の公開

　また、IAAC（Institute for Advanced Architecture of Catalonia：カタロニア先端建築研究所）のFab Lab Barcelonaは、シスコやインテルなどのIT企業および大学等と協力し、汚染物質や騒音など大気の情報を取得する

【スマートライティング、スマートパーキング、スマートバスストップ】スマートライティング（Smart Lighting）は道路の街灯をネットワークにつなぎ、交通量に応じて管理・制御するシステム。スマートパーキング（Smart Parking）は駐車場の空き情報をセンサーにより収集し、ドライバーに情報提供するシステム。スマートバスストップ（Smart Bus Stop）はWi-Fiスポットや運行情報、広告を配信する機能を持つバス停のこと。

【BI】BI（Business Intelligence：ビジネスインテリジェンス）とは、業務やビジネスデータを迅速に収集、分析、可視化し、業務や経営の意思決定をすることを意味する。

●図2-17　CityOSのアーキテクチャー：中央がCityOSの心臓部分でさまざまな入出力処理をしている　出所：Ayto. barcelona "Barcelona: una versión transversal de la innovación"

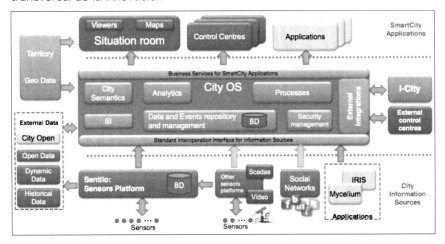

小型センサーを開発している（写真参照）。小型センサーはGitHub（ソフトウェア開発のバージョン管理ウェブサービス）に設計仕様が公開されており、市民が自由に作ることができる。

すでにバルセロナには200個以上のセンサーが設置されており、取得された情報は「Smart Citizen」と呼ばれるウェブサイトに一元化され公開されている。このような取り組みは、都市全体の環境活動を可視化し次なるアクションにつながることに加えて、必要なものは自分たちで作るという市民参加活動の推進力として期待がかかる。

●図2-18　Smart Citizen Kit BETA version for the Ambient Sensor Board　小型センサー

●図2-19　Smart Citizen　バルセロナ市内に設置された小型センサーで取得された大気等の数値情報が画像の下部に表示されている

Chapter 3

都市のメディア化の主役は「市民」

スマートフォンとソーシャルメディアを手に入れた市民が、さらなる高度なデバイスやテクノロジーとオープンデータを身に付け、まちづくりの「共創」に参加し始めている。シビックテック（Civic Tech：市民のテクノロジー）という言葉が使われるケースも増えてきている。一方で、街に生活する人のスタイルが変化してきており、「シェアリングエコノミー」が急速に浸透してきた。まちづくりに密接な関係のある交通や宿泊、お金の共有（シェア）の背景と実情、そして課題について解説する。

3.1
市民テクノロジーとそのパワー

世界各地で始まっている行政への市民参加。市民は対話による
コト作りに加え市民アプリの開発やファブによるモノ作りも加速
している。それらの現場で利用されているテクノロジーやツー
ルを事例とともに紹介しよう。

インターネットがつなげる市民パワー

　2016年後半、大きな話題となった「米国大統領選挙」だ
が、ヒラリー・クリントン氏の落選についてはさまざまな
分析がなされている。その中で国民からの信頼感の欠如を
指摘する声は少なくない。機密情報をリークすることで知
られるウェブサイト『WikiLeaks』に私的なメールがアッ
プされ、その内容を見た国民が彼女を信頼することができ
なかった、というわけだ。

　WikiLeaksが市民テクノロジーと言えるかは賛否が分か
れるところだが、テレビ局が運営するメディアは国家やス
ポンサーにコントロールされる可能性を含んでいる。しか
し、インターネット、特にソーシャルメディアは無数の個
人から成り立っているため、他者から影響を受け難いと言
えよう。

　日本ではここまでの劇的な政治変化は起きていないが、
市民がテクノロジーによってパワーを持ち、まちづくりに
参加する事例は世界中で始まっている。

　それを後押ししているのが、スマートフォンやウェアラ

76 ▶▶▶ Chapter3　都市のメディア化の主役は「市民」

●図3-1　Hillary Clinton Email Archive

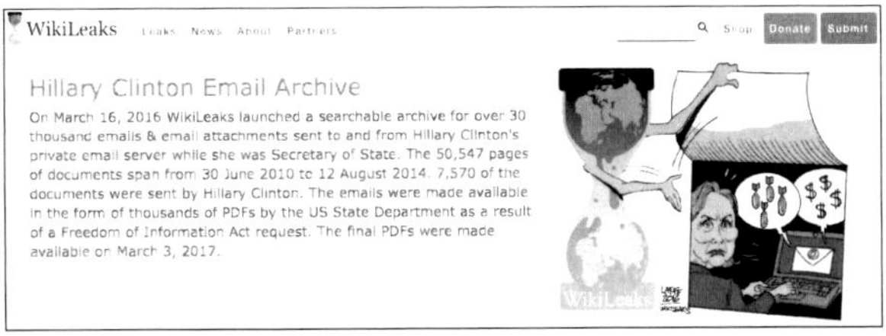

ブルデバイスに装備されるセンサーやカメラの進化であり、市民が取得するデータの量・質の飛躍的向上である。そしてそのデータをベースにして、プラットフォームやアプリが登場してきた。

市民と行政がつながる取り組み

　具体的な事例を一つ紹介する。

　「FixMyStreet」（フィックスマイストリート）は、英国とウェールズの登録慈善団体であるmySociety Limitedが開発したオープンソースだ。道路の陥没やごみの不法投棄などを見つけたら、市民がスマートフォンで撮影し、投稿することができる。撮影場所には位置情報が付与されており、市民と行政が情報を共有し、解決策を双方で考える。市民と行政の新しい仕組み作りとして注目されている。ソースコードはGitHub（ソフトウェア開発のバージョン管理ウェブサービス）で管理されており、世界各国の言語に翻訳され、配布されている。

　日本でも2016年9月1日現在、愛知県半田市、大分県別府市、福島県郡山市、奈良県生駒市、福島県いわき市で本運用を行っている。後述する、千葉県千葉市の「ちばレポ」もFixMyStreetの機能を参考にして開発されている。

　写真はYCU（Yokohama City University：横浜市立大学）の国際都市学系まちづくりコースにて、私が担当している授業「地域情報化とまちづくり」の中でFixMyStreetを利

用した一例だが、学生たちが街歩きをして気づいた場所を投稿することで、地域の課題に向き合う良い機会になっている。

●図3-2 YCUの授業で投稿されたFixMyStreet 金沢八景駅周辺を歩き、歩道や道路の問題を指摘している

市民アプリの進化

子育て支援やゴミ出しの情報をアプリ化

　横浜市港北区では「子育て支援の情報をまとめたアプリが欲しい」という区民の思いから、「非エンジニアがゼロから学ぶGitHub勉強会」が開催された。アプリの原型はCode for Sapporoが開発した「保育園マップ」である。地図情報を利用して保育園の情報を一元化するといったシンプルなものだ。

　注目したいのは子育て中の女性たちが積極的にこの活動に参加していることである。従来、企業や研究機関のエンジニアが中心に開発していたアプリを、いよいよ誰もが開発できる環境が整ってきたことを実感する出来事である。

●図3-3　非エンジニアがゼロから学ぶGitHub勉強会　写真提供：畑中祐美子

　シビックテックの代表的なコミュティである「Code for」（コードフォー、コード・フォー・ジャパンの代表理事は関治之氏）は他にもさまざまなアプリを開発している。例

えば、Code for Kanazawaが開発した「5374(ゴミなし).jp」
も、GitHubに公開されており、広がりを見せている。

　自治体が公開しているオープンデータを利用し、ゴミの
収集日やゴミの出し方について確認することができるアプ
リである。ゴミ出しのルールは地域によって違いがあるた
め、引越しした際には便利なアプリである。2016年末現在、
全国で28の都道府県で利用されており、中でも東京都が最
も多く、16の区市で利用されている。

●表3-1　代表的な市民アプリ

アプリ名	内容	開発元	GitHub
5374(ゴミなし).jp	住んでいる地域において、いつ、どのごみが収集されているのかという情報をわかりやすく示す。	Code for Kanazawa	https://github.com/codeforkanazawa-org/5374
税金はどこへ行った？／WHERE DOES MY MONEY GO？（英国）	市民が払った税金が1日あたりどう使われているかを知ることができる。	Open Knowledge Foundation Japan／Open Knowledge Foundation	https://github.com/openspending/wheredoesmymoneygo.org
保育園マップ／パパママMAP	保育園に子供を預ける際に、どこに預けて良いか悩むママ・パパの負担を軽くする。	Code for Sapporo	https://github.com/codeforsapporo/papamama
消火栓全国プロジェクト	消火栓や防火水槽地図上に示し、現在地からの経路を表示する。土地勘のない場所でも消火栓をすぐ検索できる。	Code for Aizu	https://github.com/hitokuno/hydrantmap
連レーダー	阿波踊りの日に、どこにどの連（れん）がいるかわかる。	Code for Tokushima	

市民が街の補修箇所をチェックするアプリ

　前述したFixMyStreetを参考にして、千葉市では2014年から「ちばレポ」（千葉市民協働レポート）を開始している。開発・運営をしているのはセールスフォース・ドットコムである。市内の道路の損傷箇所や、公園の遊具が壊れている場所などを市民がスマートフォン等で投稿（レポート）し、行政と課題を共有し、解決することを目指している。

　2016年末現在、レポート数3,428件となっており、月に100件前後の投稿がある。投稿されたレポートはオープンデータとして公開しており、このオープンデータを利用し、新しいサービスを生み出すとともに、行政内の予算策定や中期計画などにつなげていく可能性が出てきている。人口減少と高齢化による税収のひっ迫に危機感を持つ行政が、市民パワーをフル活用して、コスト削減以上の効果を挙げることに期待がかかる。

●図3-4　ちばレポの仕組み　出所：オープンガバメントラボ

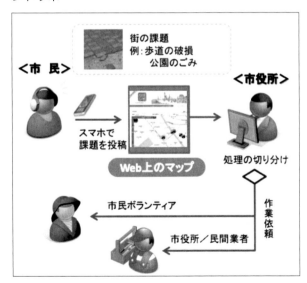

紹介してきたアプリは、街の課題を解決するための一つのツールに過ぎない。しかし、ツールがきっかけとなって、さらなるまちづくりにつながる可能性に注目したい。行政が用意したアプリを使いデータが収集され、そのデータをオープンデータとして市民が新しいアイデアやアプリを開発する。このようなアプリとオープンデータが対となり、まちづくりの好循環に寄与する時代がそこまで来ている。

3.2
都市アーカイブ

市民が集めた被爆状況をアーカイブ

　2016年5月27日、当時、米大統領であったバラク・オバマ氏が被爆地ヒロシマを訪問した。現職のアメリカ大統領として初めて、平和記念公園にて原爆死没者慰霊碑に献花をした。戦後71年目にしてようやく被爆の恐怖を「共有」し、日米のみならず人類が家族として共に生きていく可能性を示した瞬間でもあった。

　当事の広島や長崎を知る人は年を追うごとに少なくなってきているが、こうした地球規模で起きた人類の経験や想いをデジタルに遺す活動が進んでいる。

　「ヒロシマ・アーカイブ」は「Googleアース」をプラットフォームにして、被爆当時の写真や証言ビデオを格納している。そのマッピングが重層的であることから、また地元の高校生らが中心となり情報を収集したことから、高い注目を集めている。活動は現在も進行しており、またナガサキ、沖縄戦、東日本大震災のアーカイブへと拡大している。

Googleマップ上に過去をアーカイブするHistorypin

　一方、英国では地域に眠る古い風景写真を活用し、多世代をつなぐ取り組みをしている。「ヒストリーピン」（Historypin）は、2011年にソーシャルベンチャーShiftがグーグルのサポートを受け始めたプラットフォームである。Googleマップを使い、かつてその場所で撮影された写

●図3-5　ヒロシマ・アーカイブのデジタルアーカイブ版のトップページ　当時の写真や証言者の画像が浮かんでいる。

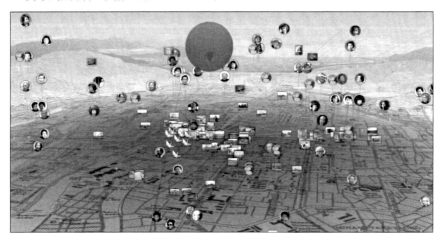

真やビデオ、オーディオファイルをピンで留め（投稿）し、世界中の人と共有できる。古い写真をデジタル化することで、今までつながりにくかった世代に目が留まることになり、コミュニケーションの機会が増えることになる。

　実際、英国のレディング市でヒストリーピンを使ったワークショップをしたところ、「89％の利用者が高齢者と週1時間以上コミュニケーションを持つようになった」、また「64％の利用者が高齢者の生活や人生を以前より理解することができた」と答えている。まさに、テクノロジーが多世代の共生に貢献した結果と言えよう。

　日本では静岡県富士宮市で2013年から、認知症の高齢者を含む多世代の多様な人々が対話するプロジェクトを開始しており、ヒストリーピンを活用している。残念ながら、首都東京では類似するプロジェクトは始まってはいないが、今から2020年に向けた活動をアーカイブすることは、将来の財産になるはずなので、一刻も早く作業を進めて欲しい。

●図3-6 富士宮プロジェクトのヒストリーピンサイト　上部タブをMapに切り替えると、想い出の写真が撮影された場所にピンが表示される。

コミュニティーのスマート化

地域参加を促すファシリテーション

「対話」はまちづくりの原点ではあるが、市民や行政の想いと市民の想いをつなぐためのファシリテーションはまちづくりに欠かせない能力のひとつと言えよう。

日本ファシリテーション協会は、ファシリテーションとは「人々の活動が容易にできるよう支援し、うまく運ぶよう舵取りをすること」と定めている。まちづくりにおいてもファシリテーションの原則は一緒だが、進め方の一つとしてインフォグラフィックスやデータサイエンスを活用し、街のデータを分析・マッピングして、その情報を根拠として議論する試みが始まっている。

インフォグラフィックスはインフォメーションとグラフィックスを組み合わせた造語だ。インフォグラフィックスにおける第一人者である木村博之氏によると、「データの持つ意味を見つけ、組み合わせ、情報という価値に変えるコミュニケーションのための視覚表現」と定義している。加えて「データを可視化する目的は、読み手の思考と行動を促すこと」としている。そのためには、伝えたい情報を明確にして、ストーリー性を持たせることが重要である。

まちづくりにおいても、市民や行政の行動につなげることが大切なのは言うまでもない。「横浜コミュニティデザイン・ラボ」が手がけているウェブサイト「LOCAL GOOD YOKOHAMA」は、横浜市のオープンデータを活用したインフォグラフィックスを多数公開している。

さらにユニークなのは、横浜市の課題解決や魅力向上をテーマにしたワークショップの案内と、資金提供を募るクラウドファンディング（クラウドファンディングについては後述する）の仕組みも持ち合わせている点だ。インフォ

グラフィックスがきっかけとなり街を知り、活動に参加し、支援をするといった行動につながることを目指している。

●図3-7　オープンデータを利用したインフォグラフィックス　横浜市の自動車事故は減ってきており平成20年は激減したが、高齢者の事故は増えている。出所：LOCAL GOOD YOKOHAMA

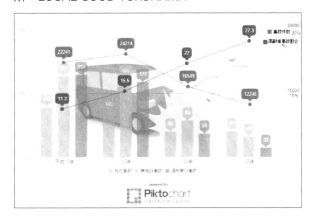

渋谷区においては、さらにこの流れを加速すべく、「渋谷をつなぐ"30人"」プロジェクトが2016年秋に始まった。渋谷に強い思いのある区民、企業、NPO、行政から30人が集まり、職を超えて、ファシリテーションとデータサイエンスのスキルを身に付けながら、渋谷の新しい「問い」を作り、解決していくリアルプロジェクトである。私が所属する慶應義塾大学大学院システムデザイン・マネジメント研究科が、データサイエンス研修を担当しており、統計学、CARTOを利用したGISとデータによるファシリテーションのハンズオンセミナーを実施している。

街の課題や魅力の本質を浮き彫りにするためには、正確なデータが必要であり、そのデータを根拠として対話をすべきである。従来は正確な情報を入手することが限定的であったが、オープンデータ化が進み、またセンシングやアンケートによって市民がデータを作ることも容易になった。

【CARTO】CARTO（カート）はブラウザー上で利用できる地理情報の可視化ツール。データをドラッグ＆ドロップすることで地図上に可視化し分析することができる。

【GIS】GIS（Geographic Information System:地理情報システム）は地理情報を作成、加工、管理、分析、表示する情報システムのこと。

●図3-8　渋谷をつなぐ30人　著者によるデータサイエンス演習（撮影：著者）

ファブ社会の到来

市民によるモノ作りを可能にする「ファブ」

　対話によって街のイメージやコミュニティー、街への思いや課題といった"コト作り"は進んできたが、建築物や構造物としての"モノ作り"は行政や企業が担当することが一般的である。しかしここに来て、市民中心のモノ作りにも新しい動きが出てきた。その拠点となるのが「ファブ」だ。

　ファブ（Fab）は、Fabrication＝作ること、Fabulous＝素晴らしい、を組み合わせた造語だが、このファブが街のモノづくりを変えていくかもしれない。

　MITのニール・ガーシェンフェルド教授は2005年、アナログからデジタルまでのさまざまな工作機器を取り揃えた実験場「ファブラボ」を提唱した。この考えに共感した人々が草の根的に活動を始め、今では世界100カ国以上に広がった。日本においても経済産業省がファブ社会を後押ししており、行政が支援する形や企業、NPO、個人が運営するといった多様なファブラボが登場している。写真はスイスにある「FabLab Zürich」だが、3Dプリンターやレーザーカッターなど工作機器が揃っている。

●図3-9　ファブラボと工作機器　出所：チューリッヒ大学

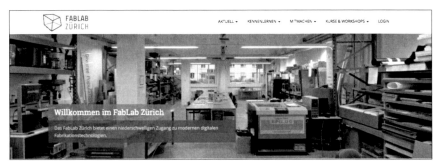

ファブが生み出すモノ

　ファブに必要な機材はレーザーカッター、CNCルーター、ペーパーカッター、電子工作機材一式、ビデオ会議システムとしている。ファブはモノを作るだけでなく、モノづくりを学ぶことも重視しており、ビデオ会議システムを利用し世界中のファブラボとつなぎ学び合っている。

　写真はスペイン、バルセロナにある「Solar Fab House」だが、機材さえ揃えれば私たちのもこのような機能的かつお洒落な家を作ることが可能となった。Solar Fab HouseはCNCルーターとレーザーカッターを用いて木材などに穴を開け、くりぬき、切り出して組み立てる。家具や内装もファブの工作機材で作っている。

●図3-10　Solar Fab House　出所：Wikipedia

　また、推奨する機材の一つには3Dプリンターがある。一時のブームは収束したが、3Dプリンターへの期待は大きい。3Dプリンターを使えばデザインしたモノのプロトタイピングは容易になり、また修正も繰り返しできるため、結果的に品質の向上にもつながる。

従来は小型のプリントが主流であったが、BigRep社の3Dプリンター「BigRep ONE」は1㎥を超える大型のプリントが可能となり、家具や自動車などのパーツを生産できる。さらに、2016年、欧州の航空機メーカーであるエアバスは、A350 XWB旅客機用の部品を大量に工業用樹脂素材が利用できるFDM（Fused Deposition Modeling：熱溶解積層法）3Dプリンターによって生産したと発表した。ビジネスユースが広がる一方で、パーソナルユースの3Dプリンターは利用できる樹脂素材が限られるため、実際の利用は限定的だ。今後、金属やカーボンといった素材を利用できるパーソナルな3Dプリンターが普及することが望まれる。

　いつでも、どこでも、私たちが必要な時に必要なモノを必要なだけ作ることができる3Dプリンターが、公園のベンチや遊具だけでなく、行政が管理するトイレや処理場の部品などを作る日も決して遠くない。

●図3-11　3Dプリンター：大型の3Dプリンターを使い、家具を作成している

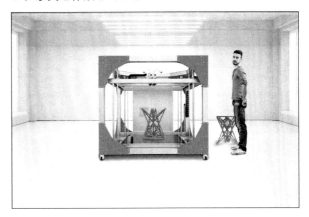

3.3
シェアリングエコノミーの台頭

インターネットがもたらした大きな流れの一つに「シェアリング」がある。使っていない部屋、車、駐車場などをアプリに掲載すれば、世界中から予約が入り、貸し出すことができる。車をシェアするだけでなく、車の持ち主が運転手としてタクシー代わりに営業するといった動きも急速に進んでいる。不要品の売買から事業資金の調達まで、さまざまな分野に広がるシェアリングエコノミーについて考察しよう。

Airbnbが起こした宿泊革命

宿泊革命の申し子と呼ばれる「Airbnb」(エアビーアンドビー)は、空いている部屋の貸し借りをする、いわゆる「民泊」サービスを生み出した企業だ。

元々は来客用のエアベッドと朝食(AirBed & Breakfast=Airbnb)を貸し出す簡易な宿泊サービスから始め、宿泊先を提供する人と宿泊したい人を結びつけるマッチングサービスへと展開した。創業から10年を待たず、滞在的な企業価値は300億ドル以上と言われ、破竹の勢いで成長している。

この事実だけを知るとAirbnbは宿泊業を主とした企業だと考えてしまう。しかし、現在のAirbnbはSNS開発を主としたIT企業に発展している。

インターネットの進化により民泊をはじめ、個人の資産(人材やお金も含まれる)の貸し借りを実現しているのがシェアリングエコノミーと言われる新しい経済の仕組みだ。

都市部への人口集中や観光客の増加にともない、住宅や宿泊施設の不足によって民泊（宿泊施設）のシェアリングが急成長した。

　そのAirbnbが世界に先駆け、奈良県吉野町に「コミュニティハウス」を建てた。室町時代から続く「吉野杉」を、建築家・長谷川豪氏の設計により際立たせた、自然美あふれる宿泊施設である。Airbnbはなぜ人口1万人に満たない過疎化が進む吉野町に「コミュニティハウス」をオープンしたのか。その答えを知るには、シェアリングエコノミーの背景と本質を考える必要がある。

●図3-12　Airbnbのホストとして紹介された吉野杉の家

シェアリングエコノミー急成長の背景

　Airbnbが創業した2008年はリーマンショックの年として深く記憶されている。金融や住宅、さらには働く価値観が大きく変化した時である。

　フリーランスが加速し、コワーキングスペースが増加、オープンでフリーな環境とマインドを尊重する雰囲気が生まれた。遊牧民を意味するノマドがフリーなワークスタイルを表す言葉として使われ始めたのもこの時期だ。

　日本では2011年の大震災によってエネルギーと環境問題

が深刻になり、政府や企業はスマートシティーやエコカーを推進し、市民は柔軟かつ多様性を持つコミュニティーを模索しはじめた。ワークショップやアイデアソン（アイデア＋マラソンの造語）、ハッカソン（ハッキング＋マラソン）など、市民参加型の対話イベントが急増した。高齢化が進む一方で、若者の間では「シェアハウス」を舞台にしたドラマや「家事代行サービス」といった「主婦労働のシェア」をテーマにした漫画やドラマが流行ることになる。

その間もインターネットビジネスの成長は留まることを知らない。2004年にFacebook、2006年にTwitter、2010年にはInstagramが創業し、ソーシャルメディアはデジタルコミュニケーションの主役になった。また、eコマースやネットオークションは成熟し、評価システムやカスタマーレビューによって、スマートに商品を選び、スマートに購入する利用者が増加している。そしてこれら全てのサービスは、スマートフォンによって外出先から簡単かつ安全に利用することができる。従来の商取引の仕組みの中に、ソーシャルメディアが得意とするコミュニケーションの要素を加えることに成功した。

さらに今後はブロックチェーンによって、より安全にモノが流通できるようになるかもしれない。ブロックチェーンはビットコインの基盤技術として発展してきたものだが、通貨だけでなく、台帳管理からIoT、組織運用など、幅広く応用できる可能性があり、さまざまな革新的サービスを生み出すことが期待されている。例えば、土地や建物、映像や行動ログ、株やチケットなどが安全かつ契約コストを抑えた形で個人同士で取り引きすることができれば、シェアリングエコノミーはさらに進化するだろう。

以上のことをまとめると、シェアリングエコノミーが台頭してきた背景には、ライフスタイルの変化によって個人

【アイデアソン】アイデアソンはアイデア＋マラソンを組み合わせた造語。さまざまな人が一堂に会し、課題解決のためのアイデアを創出するイベント。

【ハッカソン】ハッカソンはハック＋マラソンを組み合わせた造語。エンジニアやデザイナーを中心にシステムの開発を行うイベントおよびプロジェクト。

が所有するモノやスキルの流通を、ソーシャルメディアやeコマースで培った技術が支えていることが見えてくる。

●図3-13　シェアリングエコノミーの仕組み

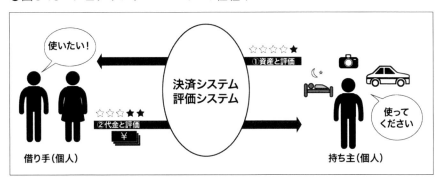

新しいコミュニティーの形

　そのような中、Airbnbはなぜ「コミュニティハウス」を吉野町で始めたのか。その狙いの一つはコミュニティーという言葉にある。ここまで大都市中心に民泊を推進し、個人と個人をつなげるコミュニティー作りに成功してきた。今後さらに発展をしていくためには、大都市以外の地域コミュニティー、つまり地元民とよそ者のつながりをいかに作り、活性させることができるのかがポイントとなる。伝統はあれども高齢化が進む吉野町で、どのような新しいコミュニティーが生まれるのか。今から楽しみである。

ライドシェアサービス

自家用車をタクシー利用するUber

シェアリングエコノミーの西の横綱がAirbnbならば、東の横綱はUber（ウーバー）だ。

ドイツ語の「究極」という意味を持つUberは、車を持っている人が車に乗りたい人を探して、乗車を提供するサービスを展開する、究極の個人対個人（Pear to Pear：P2P）のサービスだ。乗車（ライド）を共有することからライドシェアサービスと言われる。2009年の創業以来、飛躍的な成長を遂げており、現在では50カ国以上の主要都市で利用することができる。その資産価値は600億ドル以上と言われており、すでにホンダやフォードを超えている。

●図3-14　Uberの仕組み

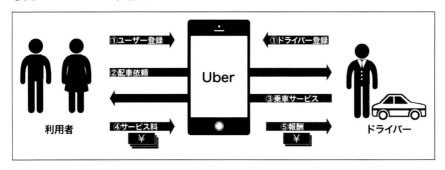

Uberの対象が「移動」する車であることから、よりダイナミックに配車処理をするディスパッチシステムが要求される。利用者はどこにいても、スマートフォンからUberの車を呼び出すことになるが、そこには位置情報技術、つまりセンシング＆マッピングが活用される。

前述（2.1.2センサブルシティへの期待）した通り、UberPOOLは目的地方面に行きたい他の客と、乗車をシェ

アするサービスである。複数の乗車候補の中から、2名の乗車客の位置関係と目的地を瞬時に把握して、ルーティングと料金計算をする。これは巡回セールスマン問題の応用だが、地図データにインデックスを付与し、エリア（セルと呼ぶこともある）を限定することで、リアルタイムに実現している。少し専門的な用語を使ったが、Uberがアマゾンやグーグルと同じIT企業であり「移動の最適化」を全世界で実行しているからこそ、高い評価を得ていると言えよう。

Uberの課題

一方、Airbnbと同様にUberにとっても評価システムは極めて重要だ。ドライバーによる事故、乗客による事件を心配する声は大きい。そのため、ドライバーの審査基準を慎重に行い、ドライバーと乗客がお互いに評価し登録するシステムを運用しているが、それでも各国でさまざまな事故や事件が起きている。利便性とリスクはトレードオフの関係にあるが、今後は蓄積される乗車データを分析し、ドライバーおよび乗客のさらなる安全性の向上を目指していくことになるだろう。

また、無人タクシー、自動運転への期待もかかる。2016年8月、MIT発のスタートアップ企業「nuTonomy」がシンガポールの一般道で自動運転タクシーのテストを開始したが、一ヶ月ほど遅れてUberもピッツバーグでスタートさせた。自動運転技術でリードするトヨタ自動車やグーグルもUberに出資をしており、さまざまな問題をクリアにしていきながら、その動きを加速させている。

日本市場におけるUber

世界的には発展を続けるUberだが、日本ではそれほど認知されていない。すでにレンタカーや「カーシェアリング」と呼ばれる1台の車を複数の人で共有するサービスは

都市部を中心に普及している。しかし、Uberのサービスである「旅客自動車運送事業」は日本では無許可で行えないため、タクシー会社に業務委託をする形で、地域も東京に限定されてきた。これでは本来、ライドシェアサービスが目指す世界からは程遠い。

米国では自分の都合に合わせた勤務ができることから、審査を通過すれば子育て中の男女であっても学生であっても、ドライバーになれる。しかし、日本では「旅客自動車運送事業」に限らず、事業主体が存在しないビジネスは安全性と責任主体が明確にならないことから敬遠される。

実際、Uberは2015年2月に福岡県福岡市で「みんなのUber」と称した検証プロジェクトを進めていたが、契約関係や保険、報酬の支払いなど利用者の安全性が担保されていないことを理由に、国土交通省から行政指導を受けた。その後、規制緩和について国家戦略特区諮問会議で議論を重ね、国家戦略特区に認定されている京都府京丹後市において2016年5月にようやく解禁された。京丹後市丹後町エリアはすでにタクシー事業者が撤退しており、交通空白地となっていることから「公共交通空白地有償運送」（通称：ささえ合い交通）が適用されたことが理由である。法定要件を備えたドライバーと登録済みの自家用車がUberのシステム（プラットフォームとも呼ぶ）を利用してサービスを展開することとなった。都市部のユーザーとは異なりアプリに慣れていない、クレジットカードを持っていないなど課題もあるが、少しずつ改善されていくだろう。

このようにライドシェアリングは、都市部の利便性向上のみならず地域交通を見直すきっかけとしても注目されることとなった。それだけ「移動の最適化」が社会から求められており、今後のまちづくりに大きな影響を持つと考えられている。

●図3-15　京都府京丹後市における「ささえ合い交通」　出所：Uber.のブログ

もったいないアプリの浸透

フリマアプリ

　環境分野でノーベル平和賞を受賞したワンガリ・マータイさんは、2005年に来日時、環境を守る「もったいない（MOTTAINAI）」を国際語として世界に広げることを決意し、「MOTTAINAIフリーマーケット」をスタートさせた。

　フリーマーケットは欧州では蚤の市（Flea Market）と呼ばれ、自宅で不要になった衣服や家具、食器、小物を広場や公園で売買するイベントである。日本では和製英語のFree Marketの意味で使うことが多く、フリマと略して呼ぶこともある。フリーマーケットは毎週末になると各地で開催されていて、捨てるにはもったいないモノが取り引きされている。

　このフリーマーケットをスマートフォンで実現しているのがラテン語で「商い」の意味を持つ企業、メルカリ（mercari）だ。宿泊と車のシェアはAirbnbとUberが市場を牽引しているが、日用品のシェアはメルカリが世界をリードしようとしている。

　メルカリが展開するフリマアプリ（フリーマーケットアプリ）は若者を中心に大人気だ。アプリのダウンロード数が日本で4,000万、米国で2,000万を超えており、2013年の創業以来、日の出の勢いである。

　フリマアプリはネットオークションのように値決めに時間がかからず、出品者が決めた価格で問題なければすぐに購入できる。スマートフォン専用の手軽なインタフェースも若者への浸透に功を奏したと言える。また、出品者（売り手）と購入者（買い手）の仲介システム「エスクロー」を採用して、商品購入時にはメルカリが代金を一時的に預かり商品を確認しないと代金が支払われない仕組みになっ

【エスクロー】売り手と買い手の取引の間において、信頼できる第三者が代金を一旦保管する仕組み。取引を安全に行うことができる。

ているため、大きなトラブルを回避している。

●図3-16　メルカリの仕組み

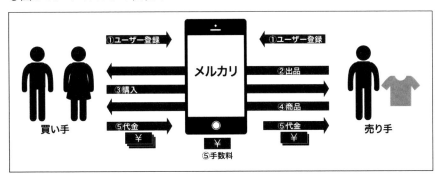

人をつなげる「メルカリ アッテ」

　さらに、メルカリの子会社ソウゾウは2016年3月にモノの売買に限定しない、「メルカリ アッテ」を開始した。メルカリ アッテは日用品といったモノだけでなく、個人のスキルやサービス、サークルなども募集できるアプリである。

　スマートフォンの位置情報機能により地域を限定し、募集者と応募者が直接会って取り引きすることが基本である。「地域コミュニティーアプリ」と呼ばれるように、利用者をバーチャル空間からリアル空間に引っ張り出すことに成功している、ユニークなアプリだ。

　今のところ手数料は発生しないため、気軽に募集することができる。例えば、近所の人の投稿に「英語を教えます」といった募集があった場合、「会社帰りに参加します」といったやりとりをしてカフェで直接会って料金を支払うことができる。飲み会やスポーツの参加にも応用できるので、地域の人たちをつなぎコミュニティーを作るきっかけになる。

　従来、スーパーの掲示板やフリーペーパーで実現していたこのサービスだが、利便性が高い分、トラブルにつなが

る投稿がどうしても多くなる。そのため、評価システムの信頼性や投稿内容を確認するなど管理コストが課題になるが、それ以上に投稿される情報やデータは魅力的だ。

リアルなフリマも開催

　日用品のシェアという分野において、スマートフォンユーザーの心を掴んで離さないメルカリだが、リアル空間においてもフリーマーケット「メルカリフリマ」を実施している。2016年は東京、横浜、仙台の公園やホールで開催しており、日用品に加えて野菜やフルーツなども売買できるマルシェや、捨てようと思っていた衣服のエコボックスブースも併設している。捨てるのがもったいないという活動は、必ずしも「商い」に直結しないかもしれないが、フリマを通じて今後さらに世界に浸透していって欲しい。

クラウドファンディングで「地域を守る、地域の魅力を創る」

まちづくりをクラウドソーシング

シェアリングエコノミーは個人の資産の貸し借りをする仕組みであり、その中には人材やお金も含まれる。人材のシェアはメルカリ アッテなどアプリでも実現しているが、まとまった業務を委託する取り組みは「クラウドソーシング」と呼ばれ、在宅ワークやテレワークという従来からビジネスに使われていた言葉を含む。

クラウドはcrowd：群衆、ソーシングはsourcing:業務委託の訳を持ち、不特定多数のヒトに業務を委託することを意味する。その背景には、前述した通り、働く環境やスタイルの変化と、インターネットを中心としたテクノロジーの進化が大きく影響している。

いま、このクラウドソーシングが企業だけではなく、まちづくりに利用されはじめている。山梨県小菅村はNPOが中心となり、クラウドソーシング企業のランサーズと提携し、地域活性化に取り組んでいる。クラウドソーシングにより子育て世代の仕事を創出しているが、オンライン講座などを開催し、スキルを身に付けていけるのが特徴だ。また、小菅村の高齢者と子どもたちが一緒に野菜を収穫し、郷土料理を作り、地元の工芸品「きおび編み」を体験するなど、地域の魅力を感じながら子育てと仕事を両立していく。

資金をシェアするクラウドファンディング

お金のシェアというのはやや分かり難いが、ビジネスプランやソーシャルプロジェクトに対し群衆（クラウド）から資金調達を行い、何らかのリワード（お返し）やお礼をする仕組みは「クラウドファンディング」と呼ばれ、注目

103

を集めている。その方法は、下の表に示す通り、寄付型、購入型、投資型の3つに分かれており、それぞれのプランやプロジェクトによって選択をすることになる。

サイバーエージェントグループが運営するMakuake（マクアケ）は購入型のサービスを運営しており、モノづくりからサービス、アート、ゲームなど、幅広いプロジェクトのマッチングをしている。数万円のプロジェクトから、5,000万円を超えるTVアニメ製作のプロジェクトが成立するケースもある。

●表3-2　クラウドファンディングの種類　出所：都市計画協会　クラウドファンディングを活用したまちづくり入門に一部加筆

タイプ	寄付型	購入型	投資型
内容	ウェブサイト上で寄付を募り、支援者（寄付者）向けにニュースレターや簡易な品を送付する。	支援者（購入者）から前払いで集めた代金を元手に製品を開発し、支援者に完成した商品やサービスを提供する。	仲介事業者を介して支援者（投資家）が資金調達者匿名組合出資契約等を締結して資金を提供し、分配金等を受け取る。
リワード（お返し）	特になし	商品やサービス	事業から得られる金銭
資金調達規模イメージ	数十万円～数百万円程度	数十万円～数千万円程度	数百万円～数千万円程度
活用場面例	被災地支援，社会問題解決	マーケティング，商品開発，事業立ち上げ	原材料購入等の運転資金，設備購入のための資金
特徴	・寄付先など条件によっては寄付税制が適用される ・サイト掲載時に資金が不要 ・公益性の高い案件に有効であるが事業系には不向き	・サイト掲載時に資金が不要 ・目標額に到達しなければ成立しないAll or Nothing方式のサイトが多い ・瑕疵担保責任が生じる他，特定商品取引法や景表法など消費者関係法の規制対象	大型案件にも対応可能・金融商品取引法の規制対象であり，仲介事業者は第二種金融商品取引業者としての登録が必要
代表的なサービス	Global Giving	Makuake Readyfor	Grow VC

104 ▶▶▶ Chapter3　都市のメディア化の主役は「市民」

まちづくりとクラウドファンディング

　日本におけるクラウドファンディングは、2011年以降の震災復興プロジェクトで定着したと言われているが、2011年4月に日本で初めてクラウドファンディングをスタートしたReadyfor（レディーフォー）は、そうしたソーシャルプロジェクトにおいて素晴らしい実績を残している。

　例えば「陸前高田市の空っぽの図書室を本でいっぱいにしようプロジェクト」は、仮設住宅に建設した図書館の本の購入資金を集めるものだが、多くの人々の共感を得て200万円の目標額を大きく上回り、824.5万円まで支援金が集まった。出資者は、贈与する本を自分で選ぶことができ、贈与した本に名前が入ることなど“粋な”お返しも話題となった。

　復興支援に限らず、まちづくりに関する活動はクラウドファンディングと実に相性がいい。事業主体、行政、支援者（市民）の全てに意義とメリットがあるからだ。移住者受け入れのための空き家の改修、就労の場となるコワーキングスペース整備、観光を目的とした古民家の改修や歴史的建造物のリノベーションなど、さまざまなまちづくりにクラウドファンディングが適用され始めている。

　今後は、クラウドファンディングで調達した資金を使い、クラウドソーシングで業務を委託し、地域活動やコミュニティーを活性化することに期待が掛かる。このような「クラウドファンディング＋クラウドソーシング型」として、ドローンを活用したプロジェクトを紹介する。

　「ドローンバード」は、災害時にドローンを飛ばして被災地を撮影し、被害状況を把握して最新の地図を作成する災害救援隊プロジェクトである。作成した地図は、被災地で救援活動をする医療機関や政府、自治体、災害ボランティアなどが利用する。2015年11月、青山学院大学の古橋大地教授が中心となり、クラウドファンディング「Readyfor」

でスタートした。

ドローン10台購入、100名のドローンバード操縦士の育成費用、複数の基地整備など、総額4,000万円を超えるプロジェクトとなり話題となった。残念ながらプロジェクトは成立しなかったが、ドローンの必要性が認められなかったわけではない。

広告でのドローン利用

少し話がそれるが、空の産業革命として市場拡大が予測されているドローンについて補足する。

"Drone Football"というペプシの動画を見たことがあるだろうか。ドローンとプロジェクションマッピング技術が融合した映像だ。プロジェクションマッピングの機材とサッカーボールを積んだドローンが、空き地をフットサルコートにする。そして、フットサルのゲームと同期してさまざまな演出をするものだ。途中、反則をした選手にドローンがイエローカードを出すシーンもあり、AI（人工知能）のエッセンスも感じさせる。全てをドローンが演出しているわけではないが、実現性が高くワクワクする映像となっている。

また、マイクロアド社とハイパーメディアクリエイターとして知られている高城剛氏が作成した「Sky Magic」も日本的な和の演出となっている。富士山をバックにLEDの光に包まれたドローンの編隊が太鼓とともに浮き上がり、三味線の音色に同期してドローンが踊る。自動操縦がなせる技である。ここまで凝った演出は難しいにしても、ドローンが広告を下げて競技場やイベント会場を飛び回る時代は、そこまで来ているといっても過言ではないだろう。

まちづくりへのドローン利用

一方、2013年にドローンによる配送サービス「Prime Air」構想を発表した米アマゾンだが、2016年末には英国で試験

●図3-17　国内のドローン・ビジネス 市場規模予測　出所：インプレス総合研究所

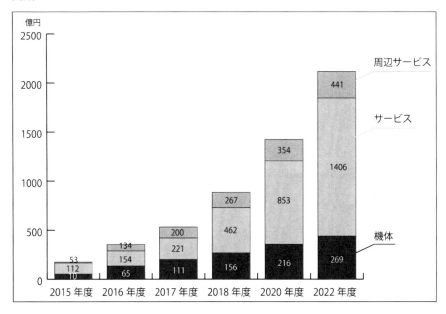

サービスを成功させている。

　米国で取得した特許は「飛行船を飛行機が飛ぶ高度より高い約14000メートルまで飛ばし、商品を保管する倉庫として利用。注文が入ると小型のドローンが飛行船から飛び立ち、上空から地上の客へ商品を届ける。」といったもので、その夢は広がるばかりだ。

　国内では「Prime Air」の導入は慎重に進むと考えられているが、災害時や緊急時の利用を否定するものではない。被災地の撮影や緊急物資・医薬品の運搬、要人警備や老朽化する橋梁の点検など活躍シーンは計り知れない。オランダのデルフト工科大学が開発しているAEDタイプのドローンなどは、すぐにでも利用を検討すべき技術であろう。

　今後、ドローンによるまちづくりを進めるにはこうした災害時や緊急時といった非日常的な使い方に加え、空をメ

●図3-18　AEDドローン　ドローンにAEDが内蔵されている　出所：デルフト工科大学

ディアにする広告や観光イベントなど日常的な商業利用を上手く組み合わせ「デュアルユース」を実現する必要があるだろう。

【デュアルユース】ひとつの技術が二通りの使い方ができることを意味する。GPSなど、もともとは軍事用と利用していたが民生用としても利用できるようになった。

●図3-19　アマゾンの飛行船特許　飛行船が倉庫や大型の輸送の母船となり、ドローンが商品を配達する。　出所：米国特許商標庁

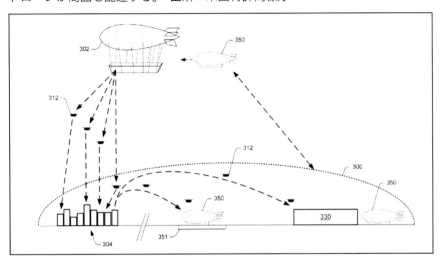

3.4
街歩きやショッピング、スポーツによるまちづくり

健康を維持し、楽しみながらコミュニケーションをとれるスポーツイベントは、いまやまちづくりに欠かすことができない。誰にでも楽しめる新たなスポーツの開発や、さまざまなスポーツイベントの運営、さらにはスマートスタジアムといった動きの中で人の動きを捉え可視化する「センシング＆マッピング」がどのように利用されているか見てみよう。

スポーツが盛り上げるコミュニケーション

　日本サッカー協会（JFA）と慶應義塾大学大学院システムデザイン・マネジメント研究科（慶應SDM）は、共同で「JYDデザインキャンプ」を2016年9月11日から1ヶ月にわたり実施した。キャンプといってもサッカーの合宿をするわけではなく、日本サッカーの未来を創るため、JFAが保有するサッカーデータと慶應SDMが得意とする「システム×デザイン思考」を活かしたアイデアソンとハッカソンを開催した。

　JYDとはJFAが2016年よりスタートした育成・支援分野のプログラム「JFA Youth Development Programme」の略であり、今回のキャンプは"Football for Family"、家族のために、仲間のために、地域のために、サッカーができる事をあらゆる視点から考える機会となった。

　最終日には審査委員の北沢豪氏（JFA理事）、岩上和道氏（JFA事務総長）、林千晶氏（ロフトワーク代表取締役）、

秦英之氏（ニールセンスポーツ代表取締役）から全6チームへ、鋭くも温かいメッセージが送られた。それぞれ革新的なアイデアや実現性の高いサービスが創出されたが、その中から「3×3PK（スリーバイスリーピーケー）」を紹介する。

誰もが参加できるゲームの可能性

「3×3PK」は3人対3人のPK（ペナルティキック）で、全員がキッカーとゴールキーパーを1回ずつ務め、チームの合計点を競う。ボールとゴール（コーンでもOK）さえあれば公園や駐車場で遊ぶことができる。このアイデアは、誰もがPKが好きというファクトと、一般市民がサッカーやフットサルを気軽にするのは難しいといったデータから生まれた。老若男女が参加できるよう、ゴールまでの距離やボールの蹴り方にいくつかのルールがある。

JFAはこの「3×3PK」を高円宮杯U-18サッカーリーグ2016の決勝会場、埼玉スタジアムの広場で実施した。当日は200人以上の参加があり、大盛況となった。

スポーツが生み出す地域コミュニケーション

サッカーに限らずスポーツによる多世代共創が、地域のコミュニティー作りに貢献する動きが加速している。従来からある草野球、ストリートバスケットボールに加えて、ランニングサークルやストリートラグビー、新しいところではVRスポーツ運動会や超人スポーツイベントも始まっている。

Bubble Jumper（バブルジャンパー）はジャンプ力を増す器具を装着して脚部を強化し、バブルボールという衝撃吸収体を身にまとい、運動が苦手な人でも安全に行うことができるスポーツだ。このアイデアは超人スポーツ協会が主催する「超人スポーツハッカソン」で創出され、1対1でぶつかり合って相手を押し倒すユニークな相撲が東京都北

111

●図3-20 ３×３ＰＫのルールブック 資料提供：川崎貴司

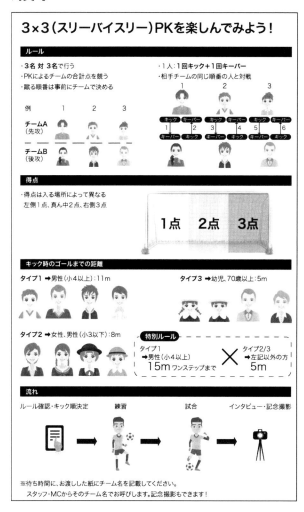

区の花火大会で実施された。

また、東京都が障害のある人もない人も、一緒にスポーツを楽しめるイベント「チャレスポ！TOKYO」を開催したが、このような取り組みは一過性にならないよう、いかに「する人、観る人、支える（育てる）人」を地域におい

●図3-21　3×3 PK（豊洲 MIFA Football Park）　ゴールの位置によって得点が1点、2点、3点となっている。（撮影：著者）

●図3-22　バブルジャンパー（慶應日吉キャンパス）
出所：超人スポーツ協会

て巻き込むかが大切である。

　そのためのキーワードは共創とテクノロジーにあるが、特にデータサイエンスはスポーツやパラスポーツのみならず、まち歩きやショッピングとも相性がいいため、地域においてさまざまな取り組みが行われていくであろう。

ヒトや車の流れから分かるもの

加速する行動データのマッピング

　人やモノの行動を知りたい欲求は誰にでもある。広告会社でなくても小売ビジネスに関係する人であれば誰もが位置情報と購買情報を合わせた情報、つまりターゲットユーザーがどのような行動からどこで何を購入しているかの情報は知りたいはずである。

　彼氏がどこにいるか分かるアプリ「カレログ」は社会問題となり終了したが、LINE HERE のような家族や仲間同士であれば居場所をシェアできるアプリは人気だ。災害時を考えれば、家族や大切な人の居場所に関する情報は、地域を守る消防や警察にとっても大切な情報になる。

　もちろん個人情報の取り扱いには注意が必要だが、スマートフォンを所有する限り、位置情報ビッグデータは毎日大量に生み出され、クラウド上に蓄積される。その利用方法も日々進化している。

　実際、東日本大震災以降に NHK「震災ビッグデータ」など、人や車の大量の位置情報を可視化する動きが加速した。同様に熊本地震においても自動車メーカーのプローブデータが利用され、通れない道など地図上に表示するサービスが無償提供された。車が一時避難所としても利用されたことも位置情報ビッグデータを可視化することで分かってきている。

【プローブデータ】自動車を社会のプローブ（短針）ととらえ、自動車に搭載したセンサーで収集したデータのこと。

利用が進む位置情報データ

　このようなトレンドは、都市の屋外空間に留まらず、大型ショッピングモールや地下街といった屋内空間においても同様だ。GPS をはじめとした衛星測位システムは屋内空間では電波が届かず利用ができないため、発展途上の屋内

●図3-23　トヨタの通れた道マップ　熊本地震の濃い色の道路は交通規制のため通れない。　出所：Car Watch

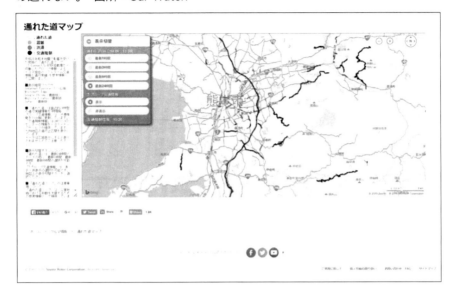

測位（インドアポジショニング）が用いられ、大都市の主要ターミナルや商業施設で実証実験が行われている。名古屋パルコにおいては館内に約300個のビーコンを設置し、改装前後の買い物顧客約800人の位置情報を収集し解析した。その結果、改装後に期待していた行動を来場者が実際に行っていることを確認できた。

　また、インバウンドの行動も位置情報ビッグデータから正確に分かってきた。その方法は、通信キャリアの利用属性から訪日外国人データを抽出するものや、インバウンド用アプリの利用データやソーシャルメディアのメッセージから解析するものまで多々ある。インバウンドは東京から箱根に旅行するケースが多いことは従来から分かっていたが、解析結果により、日帰りをする人より宿泊をする人が数倍も多くいることが新たに分かってきた。

　一方、個人の位置情報を積極的に提供して活用するケー

スもある。NTTが取り組んでいる「ソーシャル・バリアフリーマップ」は、車椅子やベビーカーに取り付けたセンサーにより、道路や通路の段差やスロープなどの情報を自動的に収集し、効率的にバリアフリーマップを生成するものだ。すでに東京駅構内など、頻繁に工事や清掃の行われるエリアで実証実験が行われており、その有用性について評価をしている。

●図3-24　ソーシャル・バリアフリーマップ＠東京駅　車椅子の後方にセンサー（ここではスマートフォン）をつけて走ることによってバリアフリーマップに必要な情報を取得する　写真提供：片岡義明

　また、お台場にある日本科学未来館は、公式アプリ「未来館ノート」等を利用し、来場者の位置情報ビッグデータを解析する研究を慶應義塾大学と一緒にスタートさせた。子どもたちの館内行動を把握するだけではなく、そのデータを利用して新しいサービスを開発し、さらなる科学教育や展示イベントにつなげる「データ循環型モデル」を作ることが狙いだ。

街中がスポーツフィールド

最新技術がスポーツを支援

「街を運動場にしよう」と電通国際情報サービスがはじめた「エブリスポ！」は毎日の運動を計測し、それをポイント化することで運動マインドを向上させる取り組みである。エブリスポ！の参加者は、ウェアラブルデバイスなどを活用して、日々の運動を計測・可視化することができる。さらに、街に設置したデジタルサイネージやソーシャルメディアを使って仲間同士をつなぎ励ましあうことで、利用を継続する仕組みになっている。

2015年3月に品川・大崎で実証実験を行った。その後の利用は大きく進んでいないようだが、普段ちょっと運動することが自分の健康のためだけではなく、人と人とをつなげ、街全体を元気にするといったコンセプトは非常に面白い。

●図3-25　エブリスポ！　出所：電通の資料を筆者が加工

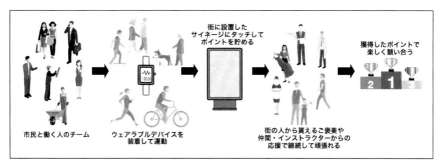

スマートスタジアムという取り組み

NTTグループによるNACK5スタジアム大宮のスマートスタジアム化の取り組みも、通信テクノロジーを中心に据えているが、小規模なスタジアムの弱点をどう強みに変え

ていくか注目を集めている。

　現時点では、目の前の試合と連動した動画配信や、フードデリバリーサービスの提供など、スタジアム滞在中に多くの快適体験をすることができる。米国の「Levi's Stadium（リーバイススタジアム）」を参考にした取り組みだが、参加者にリッチな体験をしてもらい、その結果、もう一度スタジアムに行ってみたいという行動につながることを期待している。

　スタジアムアプリを使えば、スタジアム近隣店舗のクーポン情報等も取得することが可能となっている。しかし、クーポンよりも映像の方に価値があるといった声もあり、今後は地域とのさらなる新しい連携を模索していく必要があるだろう。

　スタジアム周辺だけではなく、商店街や駅にデジタルサイネージを設置して、単なるゲーム映像ではなく、選手の動きやパフォーマンスに関するデータやスタジアムの盛り上がりが分かる情報を共有し、観戦していない市民も参加することができれば街全体の一体感を作ることも可能となる。また、サッカーのゲームを観戦するだけではどうしても日帰りになってしまうため、例えば、埼玉アリーナもスマート化を進め、お互いに連動した観光ツアーを企画することで、市内に宿泊してもらうことを促進する。

　このようなスポーツをきっかけとし、市民と企業、そして行政がテクノロジーを上手く使いこなしながら、新しいコミュニティーやサービスを共に創りだしていくことが求められていく。

●図3-26　スマートスタジアム（NACK5スタジアム大宮）　ゴールシーンを動画で別の角度からも確認できる　出所：大宮アルディージャ公式アプリ

あとがき

　2016年は実にさまざまなことが起きた。

　英国のEU離脱や米国大統領選挙の結果は、従来路線の揺れ戻しなのか、それとも新たな潮流なのかは分からない。しかし、バラク・オバマ氏が現職の大統領としてヒロシマを訪問したことは、異国との「共生」がどれだけ困難で時間のかかることなのか、しかしながら不可能ではないことを全世界に示した。一方、お茶の間に目を向けると、若者のテレビ離れが加速する中、ドラマ「逃げるは恥だが役に立つ」が最終回の平均視聴率20.8％という高い数字をたたき出した。ドラマでは主人公のふたりが理想の生活をするために、互いに持っているものを共有していく「シェア婚」が話題になった。また、南米リオジャネイロで行われたオリンピック・パラリンピックも忘れられない。私が「共生、共有、共創」を最も感じた瞬間は、パラリンピックの閉会式における東京プレゼンテーションである。約8分間のショーの途中、ピチカート・ファイブの「東京は夜の7時」に合わせたライブパフォーマンスは、さまざまな障害を持つ人の個性が一つの想いとなり、激しく心が揺さぶられた。

　このような眩しい出来事のあった一方で、「共生」を正面から否定する相模原障害者施設殺傷事件や川崎老人ホーム連続殺人事件など、闇深い事件が起きてしまった。また、熊本地震では、避難所生活を避け車の中で寝泊りしたことで、エコノミークラス症候群によって亡くなった方が出てしまった。避難所が必ずしも「共有」スペースとして最適ではなく、車にいながらも地域の情報を共有することの大切さを学んだ。そして、混迷を深めた豊洲市場移転問題は、政治や行政がいかに地域に大切なことを伝えずに物ごとを

進めてきたのか、都民もまた政治と行政にお任せしてきたのかを露呈した。小池百合子知事の"都民ファースト"というメッセージは、都民にとっては大変心地よい言葉だが、本来は政治家、行政職員、ビジネスパーソン、都民が胸襟を開いて課題の解決や魅力発掘に向けてフラットに「共創」することが大切ではないかと思う。

　ここまで読み進めていただいた情報感度の高い読者の方はお分かりの通り、本書はIoTの専門書ではなく、また、まちづくりの専門書でもない。まちづくりに関わっている方には、市民がテクノロジーをどう利用して「共生、共有、共創」を進めているのか、また、エンジニアやサイエンティストには、テクノロジーがまちづくりの「共生、共有、共創」にどう寄与しているのかについて考え、さらなる行動へのきっかけになれば幸いである。

2017年9月　中島 円

参考文献

1章

[1]迷い迷って渋谷駅 日本一の「迷宮ターミナル」の謎を解く、田村圭介、光文社、2013年

[2]位置情報ビッグデータ、神武直彦、関治之、中島円、古橋大地、片岡義明、インプレスR&D、2014年

[3]宮田章裕, et al. "デジタルサイネージとモバイル端末を連携させた複数人同時閲覧のための情報提示システム." 情報処理学会論文誌 56.1 (2015): 106-117.

[4]Ingress,https://www.ingress.com/

[5]インターネット白書2015、インプレスR&D、2015年

[6]ARのすべて ケータイとネットを変える拡張現実、日経BP社、2009年

[7]佐々木久幸、町田賢司. "4. ホログラフィ (<特集> 裸眼立体表示技術)." 映像情報メディア学会誌: 映像情報メディア 68.11 (2014): 839-843.

[8]イタリア・カモニカ渓谷の岩絵地図の位置的コンテクスト、森田喬、平成25年日本地図学会定期大会発表論文・資料集、2013年8月

[9]こんなにスゴイ！ 地図作りの現場、片岡義明、インプレスR&D、2016年

[10]Google Tango,https://get.google.com/tango/

[11]Frey, Carl Benedikt, and Michael A. Osborne. "The future of employment: how susceptible are jobs to computerisation." Retrieved September 7 (2013): 2013.

[12]最新 世界で読む世界情勢、ジャン=クリストフ・ヴィクトル、ドミニック・フシャール・バリシュニコフ、CCCメディアハウス、2015年

2章

[1]東京の未来戦略、市川宏雄、久保隆行、東京経済新報社、2012年

[2]徳田英幸、"ネットワークロボット, その人と街とのかかわり:[社会とのかかわり] 1. ユビキタスコンピューティング環境の進化とネットワークロボット~ スマートフォン, クラウド, IoT, スマートシティとの連携~." 情報処理 54.7 (2013): 686-689.

[3]Text of President Obama's Speech in Hiroshima, The New York Times, MAY 27, 2016

[4]東京ソーラー屋根台帳、http://tokyosolar.netmap.jp/map/

[5]MIT Senseable City Lab,http://senseable.mit.edu

[6]Yoshimura, Yuji, et al. "An analysis of visitors' behavior in the Louvre Museum: A study using Bluetooth data." Environment and Planning B: Planning and Design 41.6 (2014): 1113-1131.

[7]Flying of unmanned aircraft - Civil Aviation Authority of Singapore,http://www.caas.gov.sg/caas/en/ANS/unmanned-aircraft.html

[8]CityDashboard:London,http://citydashboard.org/london/

[9]行政＆情報システ2015年4月号：オープンガバメントの推進に向けて、奥村裕一、金親芳彦、関口昌幸、関治之、庄司昌彦、行政情報システム研究所、2015年

[10]Watch_Dogs WeAreData,http://wearedata.watchdogs.com

[11]シビックプライド―都市のコミュニケーションをデザインする、読売広告社都市生活研究局 (著)、 伊藤香織、紫牟田伸子 (監修, 監修), シビックプライド研究会 (編集)、宣伝会議、2008年

3章

[1]シェアリング・エコノミー、宮崎康二、日本経済新聞出版社、2015年

[2]ドローン・ビジネスの衝撃、小林啓倫、朝日新聞社、2015年

[3]アイデアソンとハッカソンで未来をつくろう、G空間未来デザインプロジェクト（神武直彦、片岡義明、中島円）、インプレスR&D、2015年

[4]ちばレポ、https://chibarepo.secure.force.com

[5]ヒロシマ・アーカイブ、http://hiroshima.mapping.jp/index_jp.html

[6]Historypin,https://www.historypin.org/en/

[7]インフォグラフィックス、木村博之、誠文堂新光社、2010年

[8]イノベーション・ファシリテーター ── 3カ月で社会を変えるための思想と実践、野村恭彦、プレジデント社、2015年

[9]Fab、Neil Gershenfeld、田中 浩也、オライリージャパン、2012年

[10]Makuake,https://www.makuake.com/

[11]READYFOR, https://readyfor.jp

[12]LOCAL GOOD YOKOHAMA,http://yokohama.localgood.jp/

[13]震災ビッグデータ、阿部 博史、NHK出版、2014年

[14]自動車ビッグデータでビジネスが変わる！　プローブカー最前線、杉浦孝明、佐藤雅明、インプレスR&D、2014年

著者紹介

中島 円 （なかじま まどか）

慶應義塾大学特任准教授。
国際航業株式会社に勤務し、地理情報システム、位置情報サービスに従事。近年は屋内空間の位置情報技術と、人やモノの行動データの可視化と分析に基づいたまちづくりに関する研究を推進している。慶應義塾大学大学院システムデザイン・マネジメント研究科後期博士課程修了。博士（システムエンジニアリング学）。法政大学と横浜市立大学において非常勤講師。技術士（情報工学）、日本地図学会常任委員。共著書に『位置情報ビッグデータ』『アイデアソンとハッカソンで未来をつくろう』（いずれもインプレスR＆D刊）。

監修者紹介

神武 直彦 （こうたけ なおひこ）

慶應義塾大学准教授
大学院修了後、宇宙開発事業団（現宇宙航空研究開発機構）入社。準天頂衛星などの人工衛星搭載ソフトウェアの独立検証などに従事。2009年度より慶應義塾大学准教授。地域から地球規模までの多様な課題を対象に、システム思考とデザイン思考に基づいた解決策を提示し、イノベーション創出を行うことを目指した研究教育を行っている。高精度衛星測位サービス利用促進協議会アドバイザー、Multi-GNSS Asia 運営委員、IMES（屋内GPS）コンソーシアム代表幹事、宇宙・地理空間技術による革新的ソーシャルサービス・コンソーシアム理事、測位航法学会理事、日本スポーツ振興センターハイパフォーマンス戦略部アドバイザー、アジア工科大学院招聘准教授。博士（政策・メディア）。『位置情報ビッグデータ』『アイデアソンとハッカソンで未来をつくろう』（いずれもインプレスR＆D刊）、『エンジニアリングシステムズ：複雑な技術社会において人間のニーズを満たす』（慶應義塾大学出版会）など著書、論文など多数。

◎本書スタッフ
アートディレクター/装丁： 岡田 章志
編集協力： 株式会社グエル
デジタル編集： 栗原 翔

●お断り
掲載したURLは2017年9月15日現在のものです。サイトの都合で変更されることがあります。また、電子版ではURLにハイパーリンクを設定していますが、端末やビューアー、リンク先のファイルタイプによっては表示されないことがあります。あらかじめご了承ください。
●本書の内容についてのお問い合わせ先
株式会社インプレスR&D　メール窓口
np-info@impress.co.jp
件名に「『本書名』問い合わせ係」と明記してお送りください。
電話やFAX、郵便でのご質問にはお答えできません。返信までには、しばらくお時間をいただく場合があります。なお、本書の範囲を超えるご質問にはお答えしかねますので、あらかじめご了承ください。
また、本書の内容についてはNextPublishingオフィシャルWebサイトにて情報を公開しております。
http://nextpublishing.jp/

●落丁・乱丁本はお手数ですが、インプレスカスタマーセンターまでお送りください。送料弊社負担にてお取り替えさせていただきます。但し、古書店で購入されたものについてはお取り替えできません。

■読者の窓口
インプレスカスタマーセンター
〒101-0051
東京都千代田区神田神保町一丁目105番地
TEL 03-6837-5016／FAX 03-6837-5023
info@impress.co.jp

■書店／販売店のご注文窓口
株式会社インプレス受注センター
TEL 048-449-8040／FAX 048-449-8041

#xtech-books

センサーシティー
都市をシェアする位置情報サービス

2017年9月29日　初版発行Ver.1.0（PDF版）

監　修　神武 直彦
著　者　中島 円
編集人　錦戸 陽子
発行人　井芹 昌信
発　行　株式会社インプレスR&D
　　　　〒101-0051
　　　　東京都千代田区神田神保町一丁目105番地
　　　　http://nextpublishing.jp/
発　売　株式会社インプレス
　　　　〒101-0051　東京都千代田区神田神保町一丁目105番地

●本書は著作権法上の保護を受けています。本書の一部あるいは全部について株式会社インプレスR&Dから文書による許諾を得ずに、いかなる方法においても無断で複写、複製することは禁じられています。

©2017 Madoka Nakajima. All rights reserved
印刷・製本　京葉流通倉庫株式会社
Printed in Japan

ISBN978-4-8443-9781-6

NextPublishing®
●本書はNextPublishingメソッドによって発行されています。
NextPublishingメソッドは株式会社インプレスR&Dが開発した、電子書籍と印刷書籍を同時発行できるデジタルファースト型の新出版方式です。http://nextpublishing.jp/